Ae

Adobe After Effects 2020
基础培训教材

王琦　主编

毕盈　赵立晓　贾楠　靳铭瑶　杨若慧　秦亚君　宋雅　李倩　编著

人民邮电出版社
北京

图书在版编目（CIP）数据

Adobe After Effects 2020基础培训教材／王琦主
编；毕盈等编著. -- 北京：人民邮电出版社，2020.11
ISBN 978-7-115-54734-7

Ⅰ．①A… Ⅱ．①王… ②毕… Ⅲ．①图像处理软件—
教材 Ⅳ．①TP391.413

中国版本图书馆CIP数据核字(2020)第159853号

◆ 主　编　王　琦
　　编　著　毕　盈　赵立晓　贾　楠　靳铭瑶　杨若慧
　　　　　　秦亚君　宋　雅　李　倩
　　责任编辑　赵　轩
　　责任印制　王　郁　马振武
◆ 人民邮电出版社出版发行　　北京市丰台区成寿寺路11号
　　邮编　100164　　电子邮件　315@ptpress.com.cn
　　网址　https://www.ptpress.com.cn
　　临西县阅读时光印刷有限公司印刷
◆ 开本：787×1092　1/16
　　印张：14.75　　　　　　　2020年11月第1版
　　字数：258千字　　　　　　2025年1月河北第15次印刷

定价：59.00 元
读者服务热线：(010)81055410　印装质量热线：(010)81055316
反盗版热线：(010)81055315
广告经营许可证：京东市监广登字 20170147 号

编委会名单

主　编：王　琦

编　著：毕　盈　秦亚君　靳铭瑶　杨若慧
　　　　贾　楠　赵立晓　李　倩　宋　雅

编委会：（以下按姓氏音序排列）
　　　　陈　鲁（嘉兴学院）
　　　　郝振金（上海科学技术职业学院）
　　　　何　颖（上海东海职业技术学院）
　　　　黄　晶（上海工艺美术职业学院）
　　　　金　澜（上海工艺美术职业学院）
　　　　李晓栋（火星时代教育影视学院教学总监）
　　　　任艾丽（上海震旦职业学院）
　　　　宋　灿（吉首大学）
　　　　汤美娜（上海建桥学院）
　　　　杨　青（上海城建学院）
　　　　叶　子（上海震旦职业学院）
　　　　余文砚（广西幼儿师范高等专科学校）
　　　　张　婷（上海电机学院）
　　　　周　亮（上海师范大学天华学院）

随着移动互联网技术的高速发展，数字艺术为电商、短视频、5G等新兴领域的飞速发展提供了前所未有的强大助力。以数字技术为载体的数字艺术行业，在全球范围内呈现出高速发展的态势，为中国文化产业的再次兴盛贡献了巨大力量。据2019年8月发布的《数字文化产业发展趋势报告》显示，在经济全球化、新媒体融合、5G产业即将迎来大爆发的行业背景下，数字艺术还会迎来新一轮的飞速发展。

行业的高速发展需要持续不断的"新鲜血液"注入其中。因此，我们要不断推进数字艺术相关行业的职教体系的发展和进步，培养更多能够适应未来数字艺术产业的技术型人才。在这方面，火星时代积累了丰富的经验。作为中国较早进入数字艺术领域的教育机构，火星时代自1994年创立"火星人"品牌以来，一直秉承"分享"的理念，毫无保留地将最新的数字技术，分享给更多的从业者和大学生，无意间开启了中国数字艺术教育元年。26年来，火星时代一直专注数字技能型人才的培养，"分享"也成为我们刻在骨子里的坚持。现在，我们每年都会为行业输送数以万计的优秀技能型人才，教学成果、图书教材和教学案例通过各种渠道辐射全国，很多艺术类院校或相关专业都在使用火星创作的图书教材或教学案例。

火星时代创立初期的主业为图书出版，在教材的选题、编写和研发上自有一套成功经验。从1994年出版第一本《3D studio 3.0-4.0三维动画速成》至今，火星时代已先后出版教材品种超100个，累计销量已过千万。即使在纸质出版图书从式微到复兴的大潮中，火星时代的教学团队也从未中断过在图书出版方面的探索和研究。

"教育"和"数字艺术"是火星时代长足发展的两大关键词。教育具有前瞻性和预见性；数字艺术又因与电脑技术的发展息息相关，一直都奔跑在时代的最前沿。而在这样的环境中，"居安思危、不进则退"成为火星时代发展道路上的座右铭，我们也从未停止过对行业的密切关注，尤其是技术革新带来的对人才需求的新变化。2020年上半年，通过对上万家合作企业和几百所合作院校的最新需求调研，我们发现，对新版本软件的熟练使用，是联结人才供需双方诉求的最佳结合点。因此，我们选择了目前行业需求最急迫、使用最多、版本最新的几大软件，发动具备行业一线水准的火星时代精英讲师，精心编写出这套基于软件实用功能的系列图书。图书内容全面覆盖软件操作的核心知识点，又创新性地搭配了按照章节定义的教学视频、课件PPT、教学大纲、设计资源及课后练习题，非常适合零基础读者，同时还能够很好地满足各大高等专业院校、高职院校的视觉、设计、媒体、园艺、工程、美术、摄影、编导等相关专业的授课需求。

学生学习数字艺术的过程就是攀爬金字塔的过程。从基础理论、软件学习、商业项目实战、专业知识的横向扩展和融会贯通，一步步地进阶到金字塔尖。火星时代在艺术职业教育领域经过26年的发展，已经创造出一整套完整的教学体系，力求帮助学生在成长中的每个阶段都能完成挑战，顺利进入下一阶段。我们出版图书的目的也是如此。这里也由衷感谢人民邮电出版社和 Adobe 中国授权培训中心对本套图书的大力支持。

　　美国心理学家、教育家布鲁姆曾说过："学习的最大动力，是对学习材料的兴趣。"希望这套浓缩了我们多年教育精华的图书，能给您带来极佳的学习体验！

王琦

火星时代教育创始人、校长

中国三维动画教育奠基人

软件介绍

Adobe After Effects是Adobe公司推出的一款图形视频处理软件，用于2D和3D合成、动画制作和视觉特效制作，是基于非线性编辑的软件。该软件适用于与设计和视频特效领域相关的机构，如电视台、动画制作公司、个人后期制作工作室及多媒体工作室等。

Adobe After Effects可以高效且精确地创建多种引人注目的动态图形和震撼人心的视觉效果。利用该软件与其他Adobe软件的紧密集成和高度灵活的2D、3D合成方式，以及数百种预设的效果和动画，用户可以为电影、广告、电视包装、MG动画、特效合成等作品增添令人耳目一新的效果。

本书是基于After Effects 2020编写的，建议读者使用该版本的软件。如果读者使用的是其他版本的软件，也可以正常学习本书所有内容。

内容介绍

第1课"走进After Effects的世界"主要讲解数字合成的基本概念、After Effects的功能特点、应用领域和工作流程。

第2课"初识After Effects"主要讲解After Effects的下载与安装、After Effects的工作界面、项目的创建与保存、合成的创建与设置、素材导入与常用操作，以及渲染和导出，可帮助初学者轻松上手After Effects。

第3课"关键帧与动画"主要讲解在After Effects中，如何通过图层基础变换属性和关键帧的编辑来制作动画效果。通过本课的学习，读者可以掌握基础动画的创建和编辑。

第4课"蒙版"主要讲解After Effects中蒙版的基本属性和修改编辑这些属性的方法，以及蒙版动画的应用范围。通过本课的学习，读者能够掌握蒙版的相关知识，并且能够通过实际案例掌握蒙版路径动画的制作方法和技巧。

第5章"合成嵌套与预合成"主要讲解在After Effects中，如何通过合成嵌套和创建预合成的方式将多个图层打包，从而实现多个图层的同步动画。此外，本课还讲解预合成过程中的要点和注意事项。通过本课的学习，读者可以掌握预合成的基本技巧。

第6课"形状图层"主要讲解After Effects中的矢量图形模块"形状图层"的创建及其基本属性的设置，以及基础形状图层动画的制作方法。通过本课的学习，读者可以对形状图层有一个基本的认识，并能够制作出基础的形状图层动画，为后续形状图层的深入学习打下基础。

第7课"形状图层进阶"延续上一课的内容，进一步深入讲解形状图层的主要功能，并通过实例对形状图层中的重点功能进行分类总结，同时对形状图层的使用逻辑进行进一步探究。通过本课的学习，读者能够全面系统地掌握形状图层的功能。

第8课"轨道遮罩"主要讲解After Effects轨道遮罩的分类及不同类型遮罩的使用技巧，并通过实例使读者掌握轨道遮罩动画的制作技巧。通讨本课的学习，读者可以掌握轨道遮罩的使用方法。

第9课"动画技巧"主要讲解动画的表现技巧，且通过分类总结和实例演示，使读者能够掌握更加专业的动画制作技巧，进一步提高读者的动画制作能力。

第10课"文字动画"主要讲解文字动画的基本动画类别、文字动画的制作思路，还通过实例对主流的文字动画效果分别加以演示。通过本课的学习，读者可以掌握并熟练制作文字动画。

每一课课后还设置了练习题，用以检验读者的学习效果。

本书特色

本书全面讲解After Effects的基本功能和使用方法，是一本帮助读者从入门到精通的教材。本书在基础知识的讲解中插入实例应用，有助于读者学习和巩固基础知识并提高实战技能。本书内容由浅入深、由简到繁，讲解方式新颖，注重激发读者的学习兴趣和培养读者的动手能力，非常符合读者学习新知识的思维习惯。

本书非常适合After Effects的初、中级读者，尤其适合零基础读者学习。本书内容循序渐进，有大量的实操案例，能够帮助读者实现从零基础入门到进阶提升。本书旨在使读者快速掌握After Effects从基础到高级的各项功能，并能快速地将它们应用于实际制作中。无论是初学者还是行业经验丰富的设计师，都可以通过学习本书中的内容而受益。

资源

本书附赠大量资源，包括所有课程的讲义，案例的详细操作视频、素材文件、工程文档和结果文件。视频教程与书中内容相辅相成、互为补充；讲义可以帮助读者快速梳理知识要点，也可以帮助教师编写课程教案。

二维码

本书针对学习体验进行了精心的设计，会讲解每一个案例的操作要点。读者理解操作原理后，扫描书中对应的二维码即可观看详细的操作教程。

作者简介

王琦：火星时代教育创始人、校长，中国三维动画教育奠基人，北京信息科技大学兼职教授、上海大学兼职教授，Adobe教育专家、Autodesk教育专家，出版"三维动画速成""火星人"等系列图书和多媒体音像制品50余部。

毕盈：火星时代影视特效学院专家级讲师，资深视频设计师；从业16年，有着非常丰富的实践经验；曾参与北京电视台财经频道、中央电视台国防军事频道、中央电视台争奇斗艳栏目、北京图书馆数字图书馆、腾讯2014年度峰会、本田汽车新品发布会、华为西班牙展厅等影视项目的制作。

秦亚君：火星时代影视特效学院讲师，后期包装设计师。参与并主管2018东风汽车发布会、德国博尔莫斯滚筒、《你好，安怡》等项目。

靳铭瑶：火星时代影视特效学院讲师，视频设计师，具有6年行业经验；曾服务过贵州卫视的家有购物栏目；参与过济南影视频道包装、中国中央电视台《据说过年》、河北卫视《明星同乐会》片头的包装；参与过腾讯游戏、360网络科技发展有限公司MG动画制作，学而思网校宣传片和网课视频的制作。

杨若慧：火星时代影视特效学院讲师，后期包装设计师。曾经参与多档知名节目的包装，有5年后期工作经验。

贾楠：火星时代影视特效学院讲师，资深栏目包装设计师，有着9年项目设计工作经验、5年后期包装教学经验；曾参与CCTV6、北京卫视、腾讯、百度、CCTV移动传媒、电影网、海尔集团等的项目。

赵立晓：火星时代影视特效学院高级讲师，资深视频设计师，有着8年影视包装工作经验；曾服务于中国中央电视台、四川卫视、石家庄广播电视台等的栏目包装工作，并多次参与阿里巴巴、网易、微软、联想等知名企业的宣传包装项目。

李倩：火星时代影视特效学院讲师，动态图形设计师；专注于广告、电视包装等领域，参与过多家知名广告公司及影视公司的商业项目。

宋雅：火星时代影视特效学院讲师，后期包装设计师；主要从事视频包装设计工作，有3年设计艺术相关的教学经验。

读者收获

学习完本书后，读者可以熟练地操作After Effects，还可以对影视动画制作、电视包装、广告制作、MG动画制作、后期合成、动态视觉设计等工作有更深入的理解。

本书在编写过程中难免存在错漏之处，希望广大读者批评指正。如果读者在阅读本书的过程中有任何建议，都可以发送电子邮件至zhaoxuan@ptpress.com.cn联系我们。

编者

2020年10月

课程名称	Adobe After Effects 2020 基础			
教学目标	使学生掌握 After Effects 2020 的使用，并能够使用软件创作不同风格类型的动态图形设计作品			
总课时	32	总周数	8	
课时安排				
周次	建议课时	教学内容	单课总课时	作业
1	1	走进 After Effects 的世界（本书第1课）	1	1
	1	初识 After Effects（本书第2课）	1	1
	2	关键帧与动画（本书第3课）	2	1
2	4	蒙版（本书第4课）	4	1
3	4	合成嵌套与预合成（本书第5课）	4	1
4	4	形状图层（本书第6课）	4	1
5	4	形状图层进阶（本书第7课）	4	1
6	4	轨道遮罩（本书第8课）	4	1
7	4	动画技巧（本书第9课）	4	1
8	4	文字动画（本书第10课）	4	1

本书导读

本书用课、节、知识点、案例和本课练习题对内容进行了划分。

课
讲解具体的功能或项目。

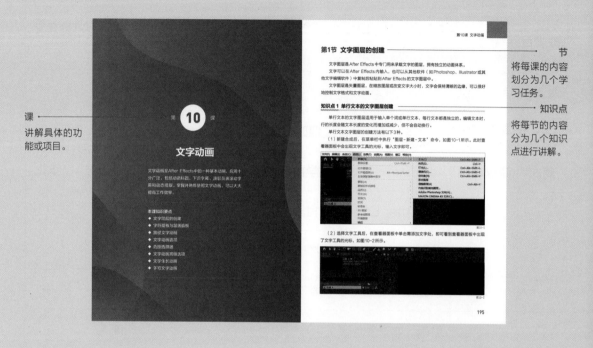

节
将每课的内容划分为几个学习任务。

知识点
将每节的内容分为几个知识点进行讲解。

二维码
扫描二维码即可观看案例的详细操作视频。

案例
围绕该课或该节知识点进行练习。

本课练习题
帮助读者检验自己是否能够灵活掌握并运用所学知识。

操作题
提供素材和题目要求，配有相应的操作题要点提示。

操作题要点提示

资源获取

扫描右侧二维码领取本书专属福利，包括全书的讲义、案例的详细操作视频、素材文件、工程文档和结果文件。

领取福利后，在PC端的浏览器上登录"https://www.hxsd.tv/"火星时代网校，进入"我的课程"，选择指定课程，单击"立即学习"按钮进入课程学习页面，然后单击"**课程素材**"按钮即可下载本书专属福利。

Windows版和Mac版的区别

本书内容的讲解和视频的录制均是基于Windows版的After Effects 2020进行的，Windows版和Mac版的After Effects在功能上是完全相同的，但在使用过程中，Mac版的用户需要注意快捷键的差异。凡是本书中使用"Ctrl"键时，Mac版的用户均需要将其替换为"Command"键，在使用"Alt"键时，均需要将其替换为"Option"键。在安装插件时，Mac版的用户需要购买Mac版的插件进行安装和使用。

目录

第 5 课　合成嵌套与预合成

第 6 课　形状图层

第 7 课　形状图层进阶

目录

第 10 课 文字动画

第 **1** 课

走进After Effects的世界

随着数字技术全面进入影视行业，合成技术在影视制作中得到了广泛的应用，使得图形视频处理软件不断地改进优化，合成效果也达到了很高的水平。

After Effects以其便捷的操作和强大的功能占据了影视后期市场的"半壁江山"。它能够高效且精确地创建出众多引人注目的动态图形和震撼人心的视觉效果，并且提供了数百种预设的动画效果，可为影视特效、产品广告、栏目包装和MG动画等作品增添令人耳目一新的效果。

本课主要讲解影视合成的基本概念，同时使读者了解After Effects的主要功能及应用领域。

本课知识要点

◆ 合成的基本概念

◆ After Effects介绍

◆ After Effects的应用领域

◆ After Effects的工作流程

第1节 合成的基本概念

在制作影片前，需要对素材进行搜集，包括拍摄的素材、从各种渠道得到的素材，以及使用计算机制作的三维动画等。素材准备完成后，对其进行艺术性的再加工、组合，才能完成影片。

合成实际上就是对多个素材进行处理，将其合并为一个视频文件，如图1-1和图1-2所示。

图1-1

图1-2

合成工作主要分为以下3个部分。

（1）搜集素材。参与合成的素材多种多样，通过摄像机或者手机拍摄得到的视频、从网络上下载的影片、用三维动画软件制作的动画视频等，都能参与影片的合成。除了视频素材外，图片素材和音频素材也可以参与合成，例如JPG、TGA、TIF、PSD、BMP等一些常见格式的图片素材，WAV、MP3等常见格式的音频素材。

（2）进行组合。拥有了大量素材后，需要将它们编辑组合在一起。影视后期合成软件分为两大类：层编辑和节点操作。而After Effects就是层编辑类软件的代表，它利用"层"的概念来组合素材，如图1-3所示。

图1-3

（3）艺术性再加工。艺术性再加工是指用After Effects特有的功能，将不同的素材在色调、构图和节奏等方面完整地融为一体，使最终生成的视频达到想要的效果，如图1-4所示。

图1-4

第2节　After Effects介绍

　　After Effects（AE）是一款高端的图形视频处理软件。它借鉴了许多优秀软件的成功之处，将视频特效合成提升到了新的高度。它主要用来精细地制作后期特效，从某种程度来讲，After Effects相当于可以处理视频的Photoshop。在制作影视后期特效时，绝大多数效果都可以在After Effects中完成。它适用于从事设计和视频特效相关领域的机构，如电视台、动画制作公司、个人后期制作工作室及多媒体工作室等。

　　截至本书出版时，After Effects的最新版本为Adobe After Effects 2020，本书也使用此版本对各类操作进行介绍，如图1-5所示。

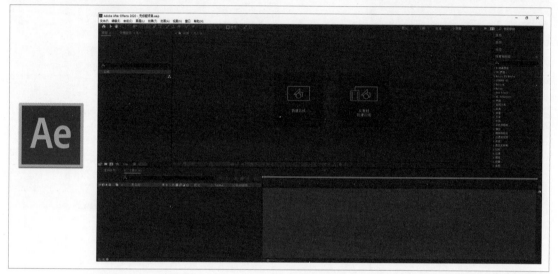

图1-5

　　After Effects主要特点包括以下几点。

　　（1）无与伦比的准确性。After Effects可以精确到一个像素的千分之六，准确地定位动画。

　　（2）高效的关键帧编辑。After Effects中的关键帧支持具有所有层属性的动画，并且可以自动处理关键帧之间的变化。

　　（3）强大的特技控制。After Effects可以使用多达几百种的插件来修饰、增强图像效果和实现动画控制。After Effects可以同其他软件结合，在导入Photoshop和Illustrator中的文件时可保留其层信息。

　　（4）多层剪辑。After Effects支持多层的层级关系，且图层中可以是动态视频，也可以是静态图片，在After Effects中可以实现电影动态和静态画面的无缝合成。

　　（5）高效的渲染效果。After Effects可以执行不同尺寸素材合成的多种渲染，还可以执行一组任何数量的不同合成的渲染。

　　（6）快速渲染和导出。将一个或多个合成添加到渲染队列中，即可以选择对应品质设置渲染它们，并以所指定的格式创建视频。操作方法是在菜单栏中执行"文件－导出－添加到渲染队列"命令，如图1-6所示。

图1-6

第3节 After Effects的应用领域

After Effects可以将众多灵感制作成动画，例如制作气势恢宏的场景，创建电影级的影片字幕、片头和过渡，制作点一团火或下一场雨的动画，以及将Logo或人物制作成动画等。

目前，After Effects主要的应用领域有三维动画的后期合成、建筑动画的后期合成、视频包装的后期合成、影视广告的后期合成和电影、电视剧的特效合成等。

以下为使用After Effects创作的视频作品画面。

After Effects应用于电影特效合成的效果如图1-7所示。

After Effects应用于影视广告的效果如图1-8所示。

图1-7

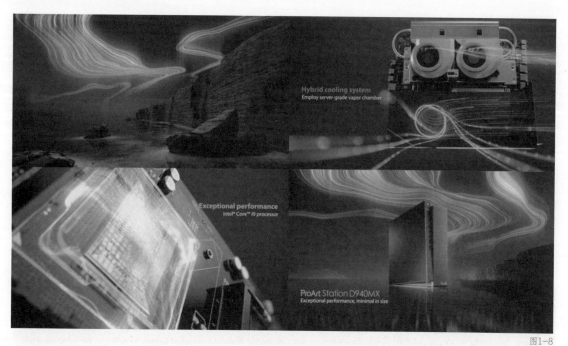

图1-8

After Effects 应用于电视栏目包装的效果如图1-9所示。

图1-9

After Effects应用于宣传片包装的效果如图1-10所示。

图1-10

After Effects应用于MG动画的效果如图1-11所示。

图1-11

第4节 After Effects的工作流程

用户遵循After Effects的基本工作流程，有序地进行视频制作，既可以提高工作效率，也可以避免出现一些不必要的错误。

After Effects的工作流程通常是：创建合成项目→导入素材→编辑素材→建立关键帧动画→为素材添加特效滤镜→预览合成效果→渲染输出。

1. 创建合成项目

（1）启动After Effects即创建了"无标题项目.aep"，如图1-12所示。

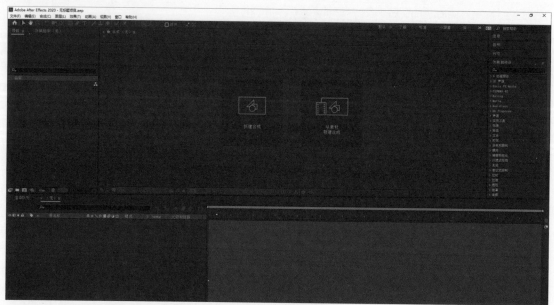

图1-12

（2）创建一个合成并设置其参数，如图1-13所示。

图1-13

2. 导入素材

在菜单栏中执行"文件-导入-文件"命令导入素材，如图1-14所示。

3. 编辑素材

将素材添加到时间轴面板中，对素材进行层级关系的整理，再调整素材的播放顺序和播放时间等，如图1-15所示。

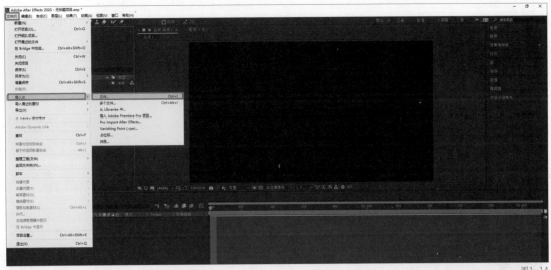

图1-14

图1-15

4．建立关键帧动画

在不同的时间或时间段为图层中不同的参数添加关键帧，这些参数包括位置、旋转、遮罩和特效等，如图1-16所示。

5．为素材添加特效滤镜

在菜单栏中执行"效果"命令即可添加需要的特效滤镜，如图1-17所示。将不同的滤镜应用到不同的图层中可以产生各种各样的特殊效果。

图1-16

图1-17

6. 预览合成效果

为了确认最终的制作效果，可以按空格键进行预览，如图1-18所示。

7. 渲染输出

在菜单栏中执行"文件－导出－添加到渲染队列"命令，或者直接按快捷键Ctrl+M进行渲染，如图1-19所示。然后设置渲染视频的质量、格式和保存的路径，如图1-20 ~图1-22所示。

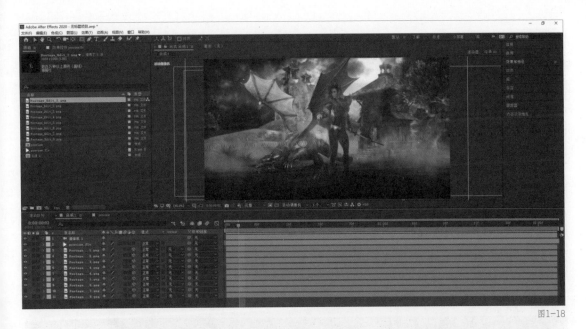

图1-18

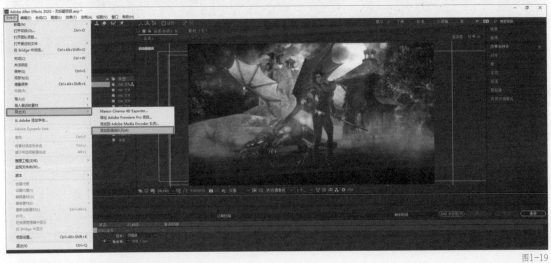

图1-19

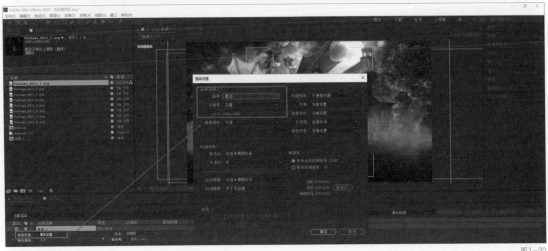

图1-20

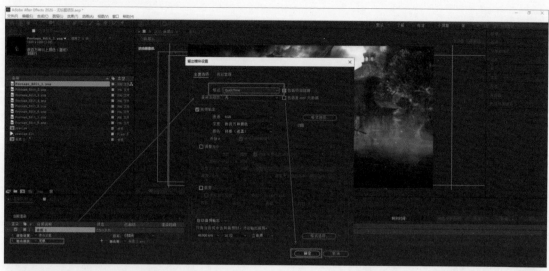

图1-21

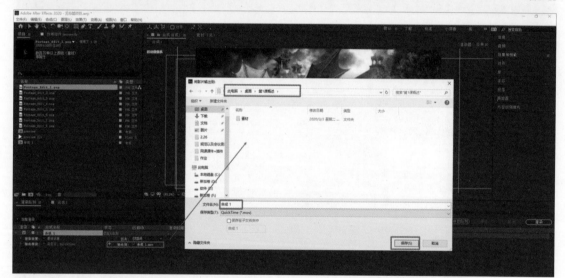

图1-22

本课练习题

选择题

（1）After Effects中导入素材的方法有几种？（　　）

A. 1种　　　　　　B. 2种　　　　　　C. 3种　　　　　　D. 4种

提示 导入素材的方法：①执行菜单栏中的"文件-导入-文件"命令，或按快捷键Ctrl + I；②双击项目窗口的空白处；③在项目窗口的空白处单击鼠标右键，执行"导入-文件"命令。

（2）After Effects不可以和下列哪个软件无缝结合？（　　）

A. Photoshop　　　　　　　　　B. Illustrator

C. Premiere　　　　　　　　　　D. Cinema 4D

提示 After Effects可以与其他的Adobe软件（如Photoshop、Illustrator、Premiere和Audition等）无缝结合，与Cinema 4D则需要安装插件后才可以对接。

参考答案：（1）C（2）D

第 **2** 课

初识After Effects

本课旨在让After Effects初学者对After Effects的基础功能和常用操作有一个初步的认识。本课将通过介绍软件的下载与安装方法来开启读者的After Effects学习之路。接下来对After Effects的工作界面进行介绍。然后讲解After Effects的基础知识，包括项目的创建与保存、合成的创建与设置、素材的导入与常用操作，以及渲染和导出。掌握上述内容初学者可以轻松上手After Effects。

本课知识要点

◆ 下载与安装

◆ 工作界面

◆ 项目的创建与保存

◆ 合成的创建与设置

◆ 素材的导入与常用操作

◆ 渲染和导出

第1节 下载与安装

在正式开始学习 After Effects 之前，要先下载和安装 After Effects。After Effects 几乎每年都会更新，为了体验到更多新技术和新功能，推荐读者下载较新版本进行学习。

本书是以 After Effects 2020 进行讲解的，如图 2-1 所示。建议初学者下载相同的版本进行同步练习。

图2-1

下载 After Effects 非常简单，只需要登录 Adobe 官方网站，找到"支持"下的"下载和安装"栏目，就可以下载正版的 After Effects 了，如图 2-2 所示。下载软件后，根据安装文件的提示一步一步地进行安装即可。

图2-2

第2节　工作界面

安装完软件之后，需要先认识一下After Effects的工作界面。本节将对After Effects工作界面中各功能区的名称、位置和用途进行讲解，并讲解如何自定义工作界面。

知识点 1　工作界面详解

打开软件，可以看到After Effects的工作界面，包括应用程序窗口、菜单栏、工具栏、项目面板、查看器面板、分组面板和时间轴面板，如图2-3所示。

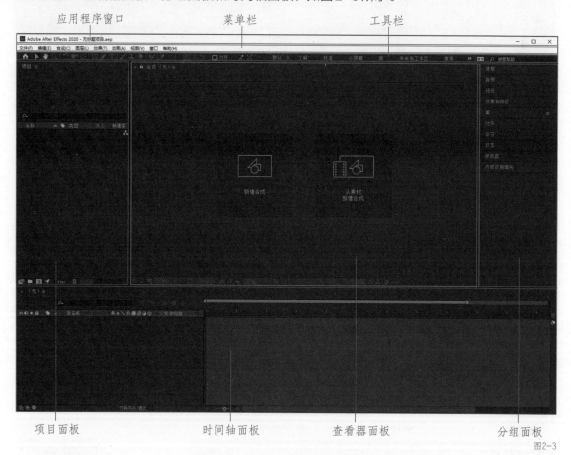

图2-3

应用程序窗口位于工作界面的最上方，在这里能看到软件的名称和版本，以及当前打开的项目。

菜单栏位于应用程序窗口下方，包含了After Effects的所有功能。

工具栏位于菜单栏的下方，包含了After Effects的常用工具，例如选取工具、形状工具及文字工具等。

项目面板位于工作界面的左侧，主要用于组织和管理素材。将素材导入项目面板后，可以选中素材查看其尺寸、帧数、时长等基本信息，也可以对素材进行整理，还可以创建新合成等。

查看器面板位于工作界面的中心位置，是工作界面中面积最大的区域，用于预览素材和最终的合成效果，同时也是进行工具操作的区域。

分组面板位于工作界面的右侧，包括效果和预设、字符和段落等多个常用面板。

时间轴面板位于工作界面的下方，是After Effects中较为重要的操作面板，编辑素材、添加效果及制作动画等大多数工作都在这个面板中进行。

知识点 2 自定义工作界面

在After Effects的使用过程中，用户可以根据个人的操作习惯对After Effects的默认工作界面进行自定义，制作自己专属的工作界面。下面将讲解3种自定义工作界面的方法。

（1）通过工作区预设自定义工作界面。在菜单栏中执行"窗口-工作区"命令，可以查看不同的工作区预设，如图2-4所示。这些预设中包括了多种风格或侧重于不同功能的工作区布局，用户可以从这些预设中进行选择。

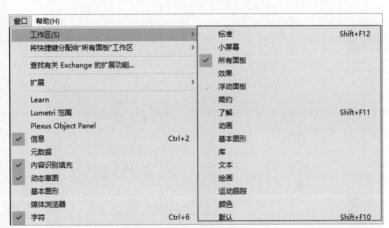

图2-4

（2）通过面板的开启和关闭来自定义工作界面。

在工作界面的任意面板中单击面板名称右侧的属性按钮▤，执行"关闭面板"命令，如图2-5所示，可以关闭该面板。用户也可以通过"窗口"菜单来控制面板的开启或关闭，如图2-6所示，信息面板为开启状态，元数据面板为关闭状态。

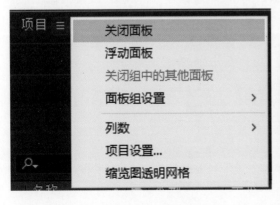
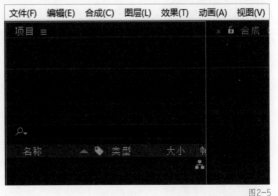

图2-5

（3）改变面板的大小和位置来自定义工作界面。可以拖曳面板之间的分隔栏来改变面板区域的大小。在After Effects的工作界面中，所有的面板都可以自由移动。将鼠标指针放在面板名称右侧的空白区域，鼠标指针变为可拖曳的状态▧时，此时按住鼠标左键并拖曳，可以将面板拖曳到其他面板的可停靠区域来更改面板的位置，如图2-7所示。

通过以上3种自定义工作界面的方法，用户可以定制出符合自己操作习惯的工作界面，并且可以对自定义的界面进行保存。在菜单栏中执行"窗口－工作区－另存为新工作区"命令，对工作区进行命名后，就可以将自定义的工作界面保存到工作区的预设中。

图2-6

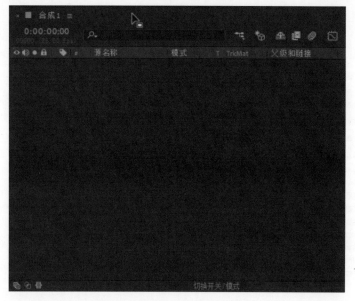

图2-7

在对自定义的工作界面进行修改之后，可以执行"保存对此工作区所做的更改"命令来更新工作界面，或者执行"将'所有面板'重置为已保存的布局"命令来还原界面，如图2-8所示。

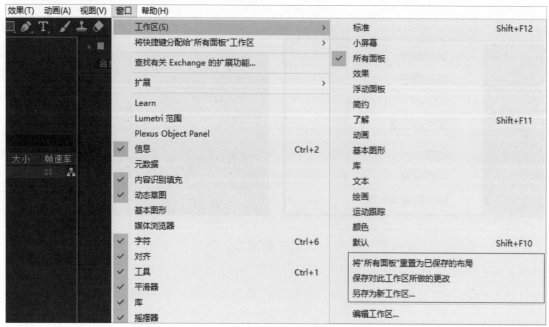

图2-8

第3节 项目的创建与保存

After Effects项目是一个文件，用于存储、合成该项目中所用素材的源文件。本节将会对创建项目的方法和保存项目时需注意的要点进行讲解。

知识点 1 创建项目

使用After Effects进行工作的第一步通常是创建项目。常用的创建项目的方法有以下两种。

（1）在"开始"界面创建项目。打开After Effects时，会出现"开始"界面，单击界面左侧的"新建项目"按钮，如图2-9所示，即可创建一个新项目。

图2-9

（2）在菜单栏中执行"文件–新建–新建项目"命令，或者按快捷键Ctrl+Alt+N，都可以创建一个新项目，如图2-10所示。

文件(F)	编辑(E)	合成(C)	图层(L)	效果(T)	动画(A)	视图(V)	窗口	帮助(H)
新建(N)				>	新建项目(P)			Ctrl+Alt+N
打开项目(O)...		Ctrl+O			新建团队项目...			
打开团队项目...					新建文件夹(F)			Ctrl+Alt+Shift+N
打开最近的文件				>	Adobe Photoshop 文件(H)...			
在 Bridge 中浏览...		Ctrl+Alt+Shift+O			MAXON CINEMA 4D 文件(C)...			

图2-10

知识点 2 保存项目

在项目制作过程中，要及时保存项目，以避免出现误操作而造成损失。按快捷键Ctrl+S或者在菜单栏中执行"文件–保存"命令即可保存项目，如图2-11所示。

在保存项目时，需要掌握以下两个小技巧。

（1）在项目完成后需要进行再次修改时，建议先将原项目备份，即另存为新项目再做修改。另存为新项目的方法为按快捷键Ctrl+Shift+S，或在菜单栏中执行"文件–另存为–另存为"命令，如图2-12所示，在弹出的对话框中设置文件名称和保存路径。

（2）降版本保存项目。高版本的After Effects可以打开低版本After Effects制作的项目，而低版本的After Effects无法打开高版本After Effects制作的项目。如果需要使用低版本的After Effects打开高版本After Effects制作的项目，就需要对项目进行降版本保存。

图2-11

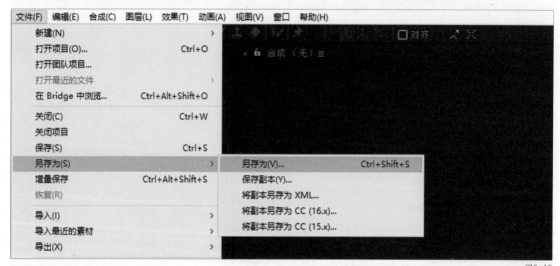

图2-12

在菜单栏中执行"文件–另存为–将副本另存为CC（15.x）"或"文件–另存为–将副本另存为CC（16.x）"命令，即可将项目保存为低版本。

> 提示　"CC（15.x）"版本的项目可以使用After Effects CC 2018及以上版本打开。
> 　　　"CC（16.x）"版本的项目可以使用After Effects CC 2019及以上版本打开。

第4节　合成的创建与设置

在After Effects中，合成是图层的集合，相当于Premiere中的序列，即时间轴。在After Effects中，编辑素材或制作效果等操作都要在合成中进行。

知识点 1 创建合成

项目创建完毕后，需要创建一个合成来开始项目的制作。创建合成的常用方法有以下3种。

（1）在菜单栏中执行"合成－新建合成"命令，或按快捷键Ctrl+N来创建合成，如图2-13所示。

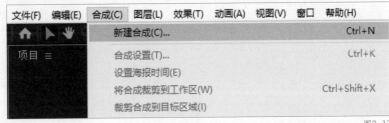

图2-13

（2）在项目面板的下方单击"新建合成"按钮 来创建合成，如图2-14所示。

（3）在项目面板中选中素材，将素材拖曳到"新建合成"按钮 上也可以创建合成，如图2-15所示。合成的参数（如名称、尺寸、帧速率和时长等）将与素材的参数保持一致。

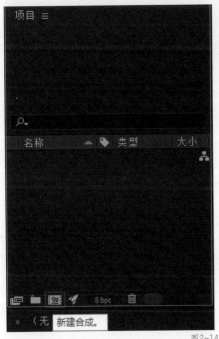

图2-14

图2-15

知识点 2 合成设置

创建合成时，需要对合成的参数进行设置，包括"合成名称""宽度""高度""像素长宽比""帧速率""持续时间"等，如图2-16所示。

合成名称一般根据制作内容进行设置，方便在后续工作中进行查找。

宽度和**高度**用于设置合成的宽度和高度，常用的尺寸为"1280×720"和"1920×1080"，根据需要进行设置即可。当需要对合成的宽度和高度进行等比例调整时，可以勾选"锁定长宽比为"，再设置相应长宽比。

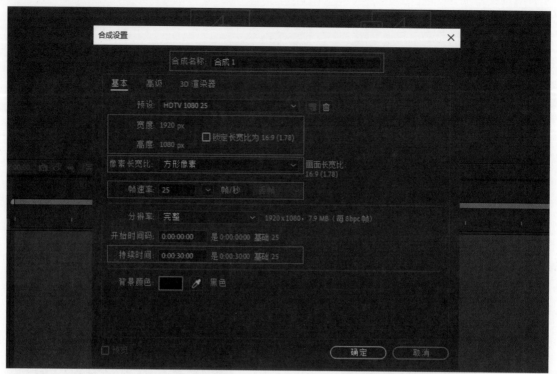

图2-16

像素长宽比通常保持默认设置"方形像素"即可。如有特殊要求，可以展开其右侧下拉菜单选择其他预设。

帧速率通常设置为25帧/秒，也可以根据需要设置为其他数值。

持续时间代表合成时长，"0:00:00:00"对应的时间单位分别为"小时:分钟:秒:帧"。输入合成时长时，可以对时长进行简写。例如"20帧"可以直接输入为"20"，"1秒20帧"可以输入为"1.20"，"1分1秒20帧"可以输入为"1.1.20"，以此类推。

> 提示　合成创建完毕后，在时间轴面板中选中合成选项卡，按快捷键Ctrl+K可以打开合成设置对话框，然后对合成参数进行调整。

第5节　素材的导入与常用操作

在项目制作过程中用到的外部素材需要先导入到项目中才能使用。本节将对素材的导入和常用操作进行讲解。

知识点 1　导入素材

在After Effects中经常用到的素材类型有图片、视频、音频、动图（GIF格式）、序列帧（静止图像序列）和分层图像文件（如PSD或AI格式文件）等。

导入素材的常用方法有以下3种。

（1）按快捷键Ctrl+I，选择素材进行导入。

（2）在项目面板的空白区域双击鼠标左键，选择素材进行导入。

（3）打开素材所在文件夹，选中素材，将素材拖曳到项目面板中，如图2-17所示。

图2-17

　　不同类型的素材在导入时，导入文件对话框中的参数设置也会有所不同，通常分为以下3种情况。

　　（1）常规素材的导入设置。常规素材是指除序列帧和分层图像文件外的素材。导入常规素材时，通常情况下不需要对其参数进行修改，保持默认即可，如图2-18所示。

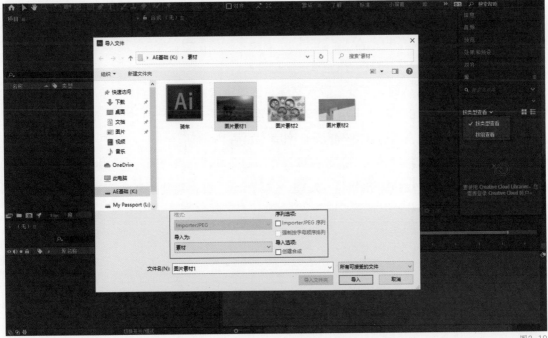

图2-18

（2）序列帧的导入设置。在导入序列帧时，可以在导入文件对话框中选中图像序列的任意帧，同时在"序列选项"中勾选"PNG序列"（根据所选格式不同，选项名称不同），如图2-19所示。需要注意的是，使用拖曳的方式导入序列帧时，序列图片需要在同一个文件夹中，将文件夹整体拖曳到项目面板中进行导入。

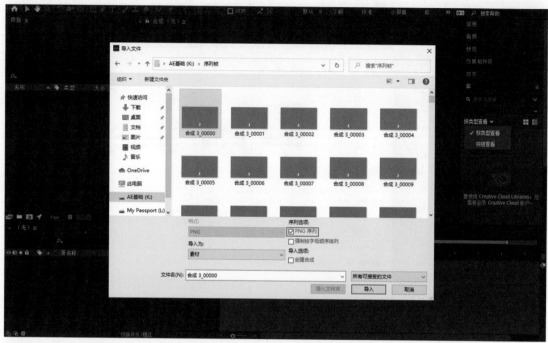

图2-19

> **提示**　当多张图片的格式相同，并以统一名称+序号的方式命名时，After Effects会将它们默认为序列帧。如果需要对单张图片进行导入，在"序列选项"中取消勾选"序列"即可。

（3）分层图像文件的导入设置。在制作项目时，会经常用到Photoshop或Illustrator制作的分层图像文件（如PSD或AI格式文件），这类素材通常包含多个图层。在导入时可以对文件进行分层导入，也可以将文件作为单一素材导入。

对文件进行分层导入时，需要在导入文件对话框中选中文件，选择"导入为"中的"合成-保持图层大小"，如图2-20所示。导入成功后，After Effects将在项目面板中自动创建一个合成，该合成中包含所导入文件的所有图层，如图2-21所示。

将文件作为单一素材导入时，需要在导入文件对话框中选择"导入为"中的"素材"，在弹出的对话框中选中"合并的图层"，如图2-22所示，文件将作为单一素材导入项目，如图2-23所示。

图2-20

图2-21

图2-22

图2-23

知识点2 常用操作

素材导入项目面板后，需要放到合成中进行编辑。编辑素材时经常用到的操作有解释素材、设置图层入点和出点、修改图层入点和出点、拆分图层、复制图层、预览和逐帧预览。其中，除了解释素材之外，其他常用操作同样适用于After Effects中的所有图层，例如纯色图层、文字图层和形状图层等。所以本节在讲解时，除了"解释素材"，其他常用操作的操作对象将统一用图层来进行说明。

1. 解释素材

解释素材即修改素材属性，例如透明信息、帧速率或循环次数等。在项目面板中选中素材，单击鼠标右键，执行"解释素材-主要"命令，如图2-24所示，或按快捷键Ctrl+Alt+G调出解释素材对话框。

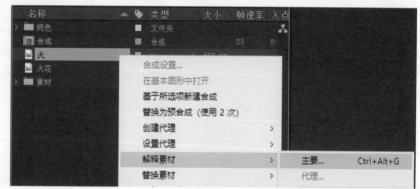

图2-24

解释素材时，通常需要修改的参数有"Alpha""假定此帧速率""循环"，如图2-25所示。

Alpha

当素材带有透明信息时，可以修改以下参数来进行制作。

忽略：忽略素材的透明信息，将其显示为完全不透明素材。

反转：将素材的不透明区域和透明区域进行反转。

直接−无遮罩：直接显示素材的透明、不透明和半透明区域。

预乘−有彩色遮罩：当素材使用"直接−无遮罩"模式时，素材有黑边或半透明区域有杂色时，需要选择此模式；将颜色设置为需要去除的杂色，以此进行过滤；图2-26所示的素材带有透明信息，当使用"直接−无遮罩"模式时，素材的半透明区域中有黑色存在，将其更换为"预乘−有彩色遮罩"模式，并将颜色设置为黑色后，素材半透明区域中的黑色被去除，如图2-27所示。

正确地解释素材的"Alpha"参数，能够让素材呈现出更好的画面。解释素材前后的合成效果对比如图2-28所示。

图2-25

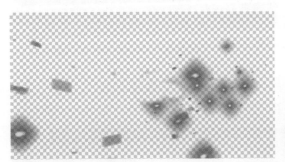

图2-26

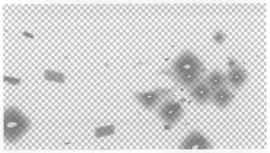

图2-27

图2-28

假定此帧速率

修改素材的帧速率，我国通用的帧速率为25帧/秒。通常情况下，素材的帧速率也需要设置为25帧/秒。

循环

修改素材的循环次数，通常用于修改视频或动画素材的播放次数。调整循环次数后，素材的时长也会相应变化。

2. 设置图层入点和出点

通过时间指示器来设置图层在时间轴面板中的入点和出点。在时间轴面板中选中图层，拖动时间指示器至相应位置，按 [键可以将图层的入点对齐到该位置，按] 键可以将图层的出点对齐到该位置，如图2-29所示。

图2-29

3. 修改图层入点和出点

通过时间指示器来修改图层的入点和出点。在时间轴面板中选中图层，拖动时间指示器至相应位置，按快捷键Alt+ [可以将时间指示器所在位置修改为图层的入点，按快捷键Alt+]可以将时间指示器所在位置修改为图层的出点，如图2-30所示。

图2-30

4. 拆分图层

在时间轴面板中将时间指示器移动到需要拆分图层的位置，按快捷键Shift+Ctrl+D可以快速拆分图层。且图层将自动进行复制，并将时间指示器所在位置作为衔接点，如图2-31所示。

图2-31

5. 复制图层

在时间轴面板中选中图层，按快捷键Ctrl+D可以对图层进行复制。

6. 预览

选中查看器面板或时间轴面板，按空格键或数字小键盘上的0键可以对图层或合成效果进行预览。

7. 逐帧预览

需要逐帧预览图层或合成效果时，按Page UP键可以向前逐帧预览，按Page Down键可以向后逐帧预览。

第6节 渲染和导出

在项目制作完成后，需要对最终合成进行渲染并按照需要的格式来输出影片文件。

高品质的影片文件或图像序列，可以使用After Effects中的"渲染队列"进行渲染。如果需要对影片进行压缩，则需要与Adobe Media Encoder配合使用，对影片进行编码（详情请参阅第21课"After Effects的优化与工作流程"）。本节将介绍After Effects中的渲染队列来帮助读者了解渲染和导出的基本流程。

使用渲染队列进行渲染时，需要先在时间轴面板中选择合成，然后按快捷键Ctrl+M进入渲染队列，如图2-32所示。

图2-32

> **提示** 在After Effects中进行渲染，实际是对时间轴面板的工作区域进行渲染。如果只想对合成内的某一段动画进行渲染，可以移动时间指示器并按B键和N键来设置工作区域的入点和出点，如图2-33所示。

图2-33

在渲染队列中，需要对输出模块和输出路径进行设置。

1. 输出模块设置

单击"输出模块"右侧的蓝色文字（通常默认显示为"无损"），在弹出的对话框中设置输出格式、输出通道和音频输出方式，如图2-34所示。

影片格式可以根据需要选择AVI或图像序列。输出通道默认为"RGB"，如果影片带有透明信息，则需要选择"RGB+Alpha"。如果需要修改输出尺寸，则需要勾选"调整大小"并输入数值。在音频输出中，可以设置是否输出影片内的音频。

2. 输出路径设置

对输出模块的设置结束后，单击渲染队列中"输出到"右侧的蓝色文字（默认显示为"尚未指定"），如图2-35所示，在弹出的对话框中设置输出路径和影片名称。

输出模块和输出路径设置完毕后，单击渲染队列右上角的"渲染"按钮，如图2-36所示，即可开始渲染。

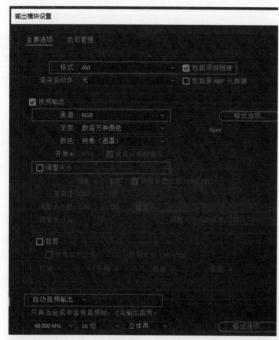

图2-34

图2-35

图2-36

本课练习题

填空题

（1）修改合成参数时，可以按快捷键＿＿＿＿＿＿打开合成设置面板进行编辑。

（2）导入分层图像文件时，如果需要分层导入，在导入时应选择＿＿＿＿＿＿＿。

（3）选中图层，按快捷键＿＿＿＿＿＿可以对图层进行复制。

（4）按＿＿＿＿＿、＿＿＿＿＿键可以向前、向后逐帧预览合成效果。

参考答案：

（1）Ctrl+K （2）合成-保持图层大小 （3）Ctrl+D （4）Page Up、Page Down

第 **3** 课

关键帧与动画

动画比较好理解，就是让元素运动起来。而要表现元素的运动或变化，就至少要给出元素前后两个不同的关键状态。记录动画关键状态的帧就称为关键帧。

在After Effects中，经常会使用图层的基础属性制作动画效果。除音频图层外，每个图层都有一个基本的变换属性组。

本课知识要点

◆ 图层的五大变换属性

◆ 添加和编辑动画关键帧

◆ 运动模糊效果

◆ 变换属性的综合应用

第1节 图层的五大变换属性

将项目面板中的素材拖入时间轴面板，单击展开图层左侧的三角箭头。接着，单击展开图层下方"变换"左侧的三角箭头，这时就会在图层下方看到图层的五大基本变换属性，即锚点、位置、缩放、旋转和不透明度。在每个变换属性的右侧都有一组对应的数值，这组数值用于对属性进行调整，也是制作动画时观察变化的主要依据，如图3-1所示。

图3-1

知识点 1 锚点

锚点就是图层的轴心点。图层的位移、旋转和缩放都是基于锚点来操作的。锚点的默认位置是图层的中心，调整其右侧的参数可以改变锚点的位置。第一个数值用于控制锚点的左右移动，第二个数值用于控制锚点的上下移动。

当对图层进行旋转、位移和缩放操作时，锚点的位置会影响最终的效果。例如，将图层的锚点分别放在图层中心和左下角位置，将图层进行缩小后，左侧图像还在视图中心，右侧图像移至视图左下角，如图3-2所示。

知识点 2 位置

位置属性用于调整图层在画面中的位置，可以制作图层位移的动画效果。调整位置属性右侧的参数时，图层会在水平或垂直方向上移动。调整第一个数值可以使图层沿水平方向移动，调整第二个数值可以使图层沿垂直方向移动，如图3-3所示。

图3-2

图3-3

知识点 3 缩放

　　缩放属性用于控制图层的大小。它以图层锚点所在的位置为中心，向四周放大或缩小图层。缩放属性右侧有两个数值，第一个数值用于控制图层的水平方向上的缩放，第二个数值用于控制图层的垂直方向上的缩放。默认情况下，调整缩放属性的时候会等比例缩放图层。单击数值左侧的"约束比例"按钮 ⬭ 解除锁定，这样就可以分别控制图层在水平方向或垂直方向上的缩放。值得注意的是，当缩放值为负数的时候，图层会被反转，如图3-4所示。

图3-4

知识点 4　旋转

　　旋转属性用于控制图层在画面中的旋转角度，其右侧的参数由圈数和度数两个数值组成，如"1x+10°"表示图层旋转了1圈又10°，即370°，如图3-5所示。数值增大沿顺时针方向旋转，数值减小沿逆时针方向旋转，旋转的中心即图层锚点所在的位置。

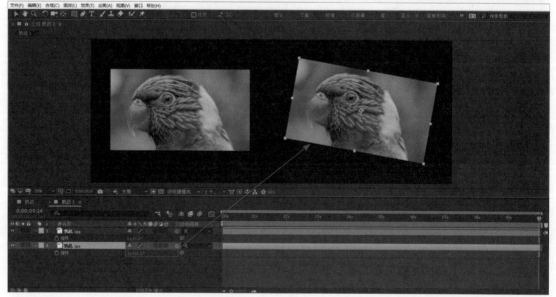

图3-5

知识点 5　不透明度

　　不透明度属性用来控制图层不透明度的程度。当不透明度为"100%"时，图层处于完全不透明状态；当不透明度为"10%"时，图层几乎为透明状态，如图3-6所示。

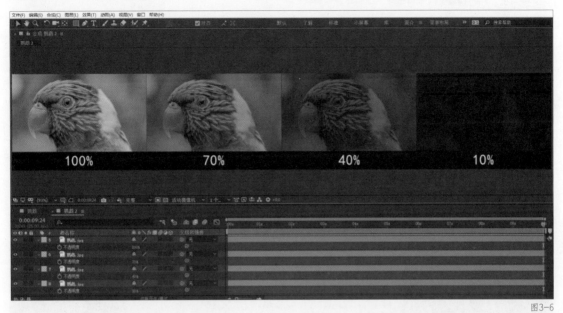

图3-6

知识点6 五大变换属性的快捷键

除了可以单击图层前的三角箭头来调出图层的变换属性以外，也可以按对应快捷键来调出图层的变换属性。各变换属性及其快捷键分别为：锚点（A键）、位置（P键）、缩放（S键）、旋转（R键）、不透明度（T键）。在图层被选中的状态下，按P键可以快速调出位置属性，按S键可以调出缩放属性，以此类推。如果需要一次显示两个或两个以上变换属性，同时按Shift键和所需变换属性的快捷键即可，如图3-7所示。

图3-7

第2节 添加和编辑动画关键帧

在After Effects中，每个变换属性左侧都有一个码表 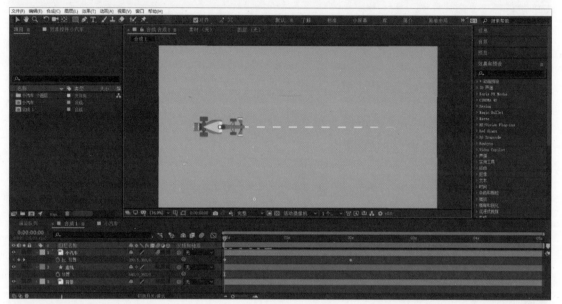，单击码表可以激活动画关键帧，码表的颜色也会由灰色变为蓝色。同时，当前时间指示器所在的位置会增加一个菱形图标 ◆，该图标就是通常所说的关键帧。如果在该位置再次单击码表，关键帧功能就会被停用。

关键帧的主要作用就是记录图层在当前帧的状态。如果不同时间有两个不同状态的关键帧，就会产生动画。

例如，在第0秒的时候，关键帧记录的小汽车位置在视图的左边，如图3-8所示；在第2秒的时候，关键帧记录的小汽车位置在视图的右边，如图3-9所示。

图3-8

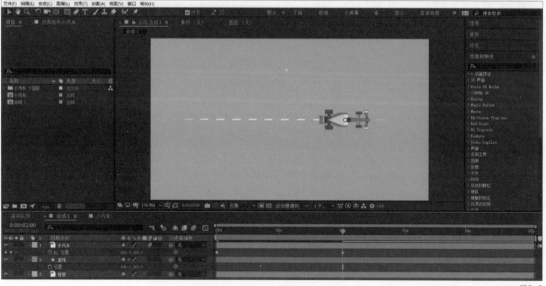

图3-9

那么，在第0～2秒这个区间，系统会自动计算小汽车从左到右的过渡动画，如图3-10所示。

第3节 运动模糊效果

当人在观察快速运动的物体时，看到的物体是模糊的，这种现象就是运动模糊。而计算机计算出来的动画，默认是没有运动模糊效果的。当没有运用运动模糊效果，且物体快速移动时，会缺乏连贯性和真实感。

在After Effects中，单击"运动模糊"按钮，可以手动添加运动模糊效果。添加了运动模糊特效后，图层的运动会变得更平滑，场景也将变得更逼真。运动模糊的原理是：得到物体在两帧之间运动的速度，根据此速度进行模糊处理，如图3-11所示。

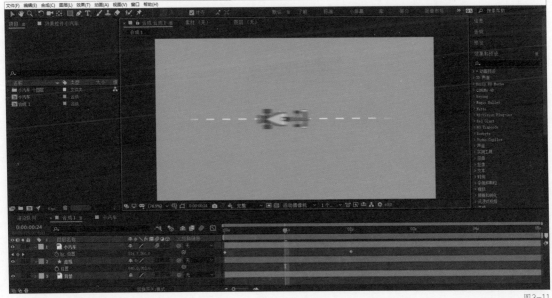

第4节 综合案例——指尖Logo

本节将对指尖 Logo 案例进行讲解，目的是使读者充分了解图层五大基本变换属性、运动模糊效果的应用，以及创作一条影片的基本流程。本案例的最终效果如图 3-12 所示。

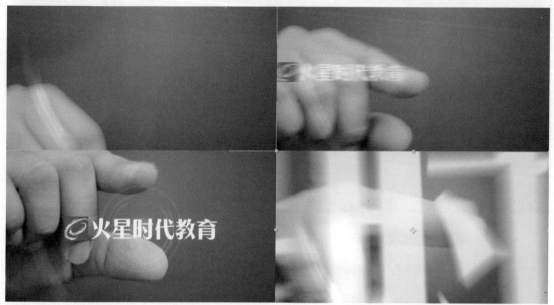

图3-12

■ 步骤01 导入素材

双击项目面板，导入本课素材包提供的所有素材文件，如图 3-13 所示。

图3-13

■ **步骤02 创建合成**

将实拍素材拖曳到"新建合成"按钮上创建一个新的合成,如图3-14所示。

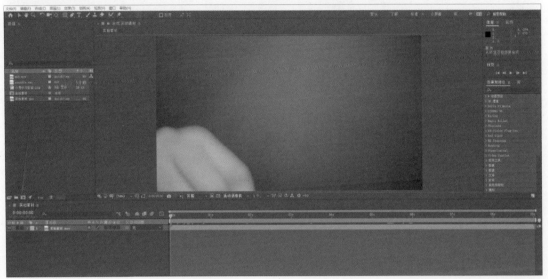

图3-14

■ **步骤03 制作Logo入场动画**

将"Logo"图层拖到时间轴面板中"实拍素材"图层的上层,并将其缩放调整为"70%",如图3-15所示。

图3-15

将时间指示器移动到手指开始向里划动的起始(即第16帧)位置,并将Logo移到画面外,然后在位置属性上添加位置关键帧,如图3-16所示。

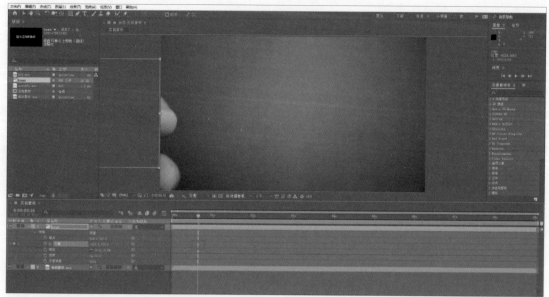

图3-16

将时间指示器移动到手指划动结束（即第1秒16帧）位置，并将Logo移动到画面中间位置，如图3-17所示。

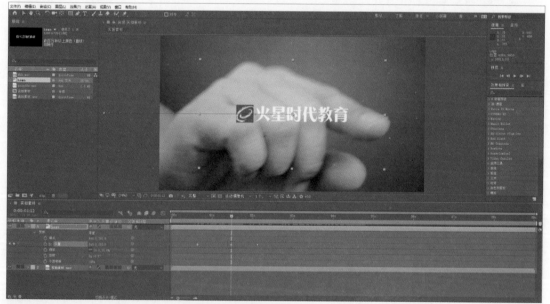

图3-17

提示 当图层的某个属性已经单击码表添加了关键帧，如果在不同的位置对该图层的属性进行更改，那么此时会自动添加一个关键帧，无须再次单击码表。

■ 步骤04 制作Logo放大动画

将时间指示器移动到手指张开的起始（即第4秒10帧）位置，为缩放属性添加一个关键帧，如图3-18所示。

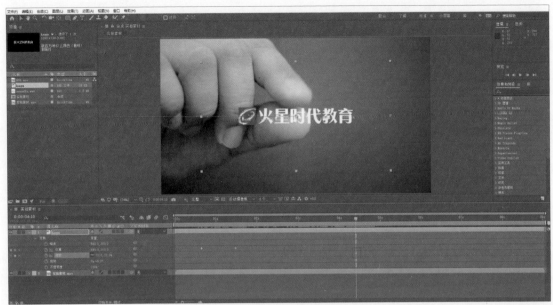

图3-18

将时间指示器移动到手指张开的结束（即第4秒20帧）位置，并将缩放调整为"100%"，以再次添加一个缩放关键帧，如图3-19所示。

图3-19

■ 步骤05 制作Logo出场动画

将时间指示器移动到最后一个手指滑动的起始（即第7秒12帧）位置，并分别在缩放、旋转、不透明度属性上添加关键帧，如图3-20所示。

> **提示** 当关键帧处于激活状态时，如果要在其他位置再次添加关键帧并且不需要改变变换属性的数值，单击码表左侧的菱形图标即可。

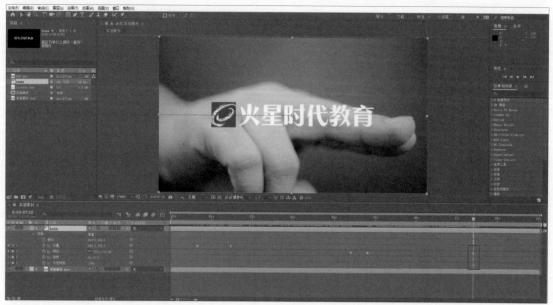

图3-20

　　将时间指示器移动到第8秒的位置，将缩放调整为"1800%"，将旋转调整为"-35°"，将不透明度调整为"0%"，如图3-21所示。

图3-21

■ 步骤06　细节修饰

　　将HUD视频素材拖曳到时间轴面板中"Logo"图层的下层、实拍素材图层的上层，并在时间轴面板中将图层的起始位置拖曳至实拍素材中手指张开的起始（即第4秒10帧）位置，如图3-22所示。

　　展开变换属性，为缩放和不透明度属性添加关键帧，如图3-23所示。

　　为"Logo"图层添加运动模糊效果，如图3-24所示。

图3-22

图3-23

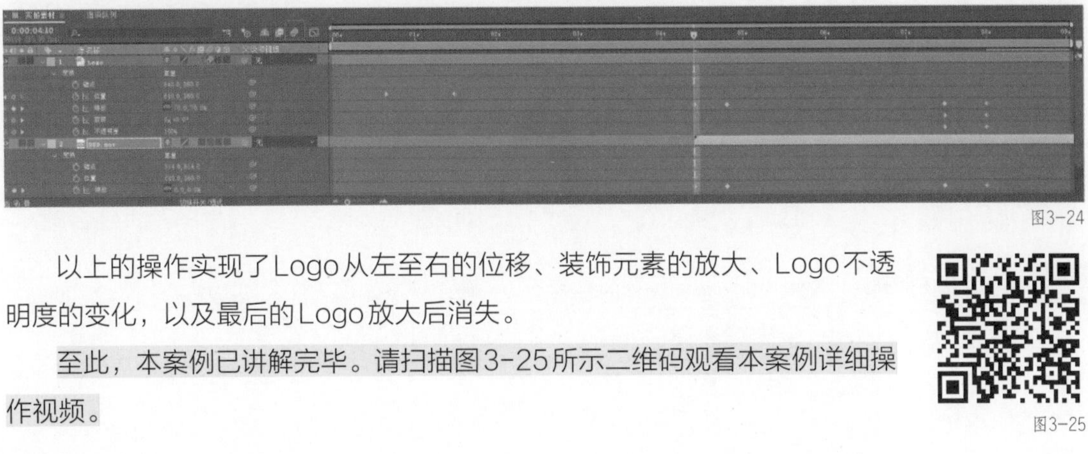

图3-24

以上的操作实现了Logo从左至右的位移、装饰元素的放大、Logo不透明度的变化，以及最后的Logo放大后消失。

至此，本案例已讲解完毕。请扫描图3-25所示二维码观看本案例详细操作视频。

图3-25

本课练习题

1. 选择题

（1）调出当前图层位置属性的快捷键是（   ）。

A. A键   B. R键   C. S键   D. P键

提示 位置的英文单词为"Position"，所以快捷键为"P"；锚点的英文为"Anchor point"，所以快捷键为"A"；旋转的英文单词为"Rotation"，所以快捷键为"R"；缩放的为"Scale"，所以快捷键为"S"。

（2）（   ）属性发生变化，会影响图层缩放和旋转的中心点。

A. 位置   B. 缩放   C. 旋转   D. 锚点

提示 位置、缩放、旋转属性发生变化，只会影响图层当前属性，但是锚点属性发生变化，将影响图层的缩放和旋转的中心点。

（3）After Effects能够根据图层的变换属性动画产生真实的运动模糊效果，下列哪种方法能产生此效果？（   ）

A. 单击"运动模糊"按钮   B. 应用回声特效

C. 应用方向模糊特效   D. 应用运动模糊特效

提示 要After Effects能够根据图层变换属性动画产生真实的运动模糊效果，只有单击"运动模糊"按钮才能实现。回声、方向模糊和运动模糊特效都会产生拖尾模糊效果，但这3种效果都是添加的特效，不是通过图层自身的变换属性动画产生的。

（4）After Effects可以在下列哪个面板中存放素材？（   ）

A. 效果控件面板   B. 项目面板

C. 合成面板   D. 时间轴面板

提示 效果控件面板是显示当前图层所添加特效的面板，图层所添加的所有特效都展示在效果控件面板中；项目面板可以存放素材，所有的素材都可以从项目面板中导入；合成面板用于显示当前工程画面及各个图层的效果；时间轴面板的主要功能是控制合成中各素材之间的时间关系。

（5）使用快捷键时，如果需要一次调出两个或两个以上的变换属性，同时按（   ）和所需变换属性的快捷键即可。

A. Ctrl键   B. Alt键   C. Shift键   D. Ctrl+Shift组合键

提示 当我们通过快捷键来调出图层变换属性时，一次只能调出一个变换属性，如果想要一次调出两个或两个以上的变换属性，同时按Shift键和所需属性的快捷键即可。

参考答案:（1）D （2）D （3）A （4）B （5）C

2.操作题

根据本课提供素材中的视频，为"After Effects"素材制作关键帧动画，参考效果如图3-26所示。

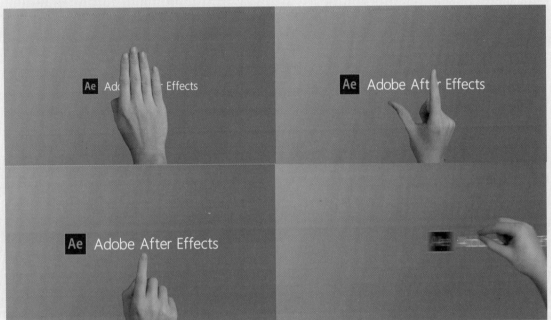

图3-26

操作题要点提示

注意"After Effects"图层动画和手指动画的匹配关系，"After Effects"图层动画的时长可以根据手指移动的速度进行编辑。

动画制作完成后注意添加运动模糊效果。

第 **4** 课

蒙版

在After Effects中，蒙版又被称作Mask，可以用于修改图层的属性，例如修改图层的形状、透明度等。在进行合成抠像和制作MG动画时，会经常运用到蒙版。

本课知识要点

◆ 蒙版的基本概念

◆ 创建蒙版

◆ 蒙版的基本属性

◆ 蒙版的布尔运算

◆ 蒙版路径动画

第1节 蒙版的基本概念

After Effects中的蒙版指的是一个用于修改图层属性和效果的路径。蒙版最常见的用法是用于修改图层的Alpha通道。

Alpha通道中包含了图像的透明度信息。当图像带有Alpha通道时，在查看器面板中单击"切换透明网格"按钮▧可以查看图像的透明区域，如图4-1所示。

单击"显示通道及色彩管理设置"按钮◐，选择"Alpha"可以查看当前图像的Alpha通道。在Alpha通道中，白色区域代表完全不透明，黑色区域代表完全透明，如图4-2所示，灰色区域则代表半透明。

图4-1

图4-2

After Effects中的蒙版为闭合路径时，相当于给图层创建了一个Alpha通道。图层在蒙版内的区域相当于Alpha通道中的白色区域，为不透明状态；图层在蒙版外的区域相当于Alpha通道中的黑色区域，为透明状态，如图4-3所示。

提示 蒙版不能单独存在，需要创建在图层上，作为图层的属性存在。

图4-3

第2节 创建蒙版

蒙版可以用形状工具、钢笔工具，以及其他软件（如Illustrator或Photoshop）来创建。下面将对这3种创建方法进行具体讲解。

知识点 1 使用形状工具创建蒙版

形状工具包括矩形工具、圆角矩形工具、椭圆工具、多边形工具和星形工具，按快捷键Q

可以激活和切换形状工具，如图4-4所示。

使用形状工具创建图层蒙版时，需要先在时间轴面板中选中图层，然后使用任意形状工具在查看器面板中进行拖曳绘制，如图4-5所示。

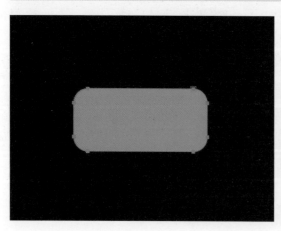

图4-4

图4-5

在使用形状工具时，需要掌握下面4个使用技巧。

（1）使用圆角矩形工具创建蒙版时，在拖曳结束后不松开鼠标左键的状态下，按↑键、↓键、←键和→键可以调整边角圆度。按↑键可以增加边角圆度，按↓键可以减小边角圆度，按←键可以将边角圆度调为最小，按→键可以将边角圆度调为最大，如图4-6所示。

> **提示** 在时间轴面板中按快捷键Ctrl+Y，可以创建一个纯色图层。

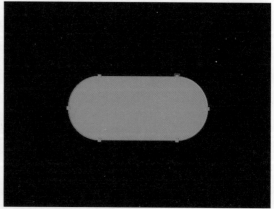

图4-6

（2）使用多边形工具、星形工具创建蒙版时，在拖曳结束后不松开鼠标左键的状态下，按↑键可以增加边角数量，按↓键可以减少边角数量，按←键可以减小边角圆度，按→键可以增加边角圆度，如图4-7和图4-8所示。

（3）选中需要创建蒙版的图层，双击形状工具在当前图层中创建一个该形状下面积最大的蒙版，如图4-9所示。

图4-7

图4-8

（4）使用矩形工具、圆角矩形工具和椭圆工具创建蒙版时，按住Ctrl键可以以当前鼠标指针所在的点为中心创建蒙版；按住Shift键可以创建出等比例的蒙版，如圆形、正方形；将鼠标指针放在图层的中心位置，按住鼠标左键进行绘制的同时，按住快捷键Shift+Ctrl可以创建一个居中的等比例图形，如图4-10所示。

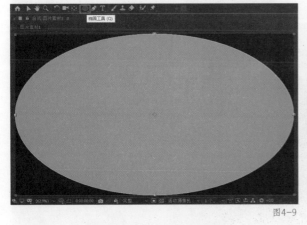

图4-9

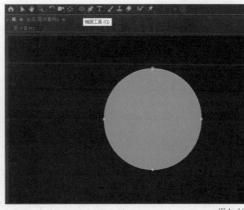

图4-10

知识点2 使用钢笔工具创建蒙版

钢笔工具可以创建出任意形状的图层蒙版，但是绘制的路径必须为闭合状态。用户使用钢笔工具创建图层蒙版时，需要先在时间轴面板中选中图层，然后在工具栏中选择钢笔工具，最后在查看器面板中绘制出一个闭合路径，如图4-11所示。

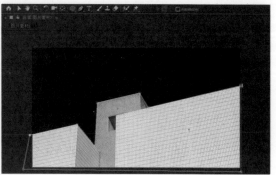

图4-11

知识点 3　使用其他软件创建蒙版

除了 After Effects 自带的形状工具和钢笔工具外，其他软件（如 Illustrator 或 Photoshop）也可以创建蒙版。

用户使用其他软件创建蒙版时，需要先在 Illustrator 或 Photoshop 中创建所需的形状，然后按快捷键 Ctrl+C 复制形状，如图4-12所示。

图4-12

打开After Effects，选中需要创建蒙版的图层，按快捷键Ctrl+V将复制的形状作为蒙版
粘贴给图层，如图4-13所示。

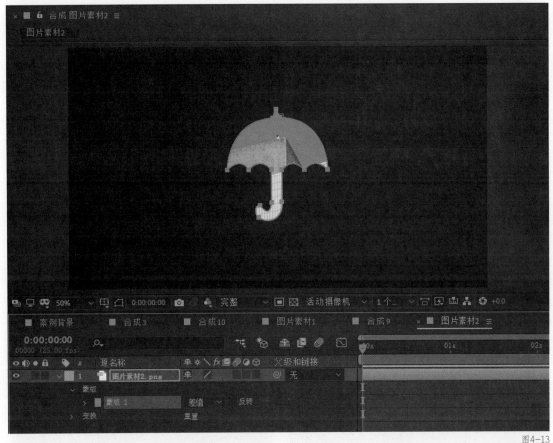

图4-13

第3节 蒙版的基本属性

蒙版创建完成后，在时间轴面板中选中图层，单击图层左侧的三角箭头，依次展开"图片
素材2-蒙版-蒙版1"，即可查看图层的蒙版选项组。蒙版选项组中包括了蒙版的四大属性，
可以改变这些属性来调整蒙版的效果，如图4-14所示。

图4-14

提示　选中图层，按两次M键可以快速展开蒙版选项组。

知识点 1　蒙版路径

蒙版路径可以对蒙版的大小与形状进行编辑，还可以制作关键帧动画。常用的蒙版编辑方法有以下两种。

（1）在时间轴面板中选中图层的蒙版路径，按快捷键Ctrl+T可以在查看器面板中对蒙版路径进行编辑，如图4-15所示。

图4-15

（2）在时间轴面板中选中图层的蒙版路径，使用选取工具在查看器面板中框选并拖曳蒙版的控制点，可以改变蒙版路径的形状，如图4-16所示。

图4-16

提示　选中图层，按M键可以快速展开蒙版路径属性。拖曳控制点时，按住Shift键可以沿水平或垂直方向移动控制点。

知识点 2　蒙版羽化

调整蒙版羽化属性可以对蒙版的边缘进行柔化处理，制作出虚化的边缘效果，这样可以在处理画面时产生很好的过渡效果。蒙版羽化属性除了可以整体调整羽化效果外，也可以单独调整水平方向或垂直方向上的羽化效果。

单独调整水平方向或垂直方向上的羽化效果时，需要在时间轴面板中选中图层，依次展开
"图片素材1－蒙版－蒙版1"查看蒙版选项组，单击蒙版羽化选项后面的"约束比例"按钮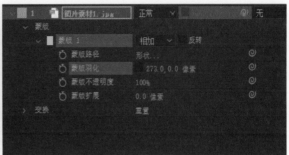
取消约束，如图4-17所示。

图4-17

> **提示** 选中图层，按F键可以快速查看蒙版羽化属性。

知识点3 蒙版不透明度

调整蒙版的不透明度时，只会对蒙版范围内的素材产生影响。在多个蒙版同时存在的情况
下，对蒙版的不透明度进行调整，可以制作出更加丰富的视觉效果，如图4-18所示。

图4-18

调整蒙版的不透明度时，需要在时间轴面板中选中图层，展开图层的蒙版选项组，单击蒙
版不透明度右侧的参数值，在输入框中输入数值；也可以将鼠标指针移动到数值上，按住鼠
标左键左右拖曳来调整。

> **提示** 选中图层，按两次T键可以快速查看蒙版不透明度属性。

知识点4 蒙版扩展

蒙版的范围可以通过蒙版扩展属性来调整，当参数为正值时，蒙版向外扩展；当参数为负

值时，蒙版向内收缩，如图4-19所示。

调整蒙版扩展属性的参数时，需要在时间轴面板中选中图层，展开图层的蒙版选项组，单击蒙版扩展属性右侧的参数值，在输入框中输入数值；也可以将鼠标指针移动到数值上，按住鼠标左键左右拖曳来调整。

图4-19

知识点 5　拓展内容——蒙版羽化工具

钢笔工具组中的蒙版羽化工具 可以给蒙版添加局部的羽化效果。按快捷键G可以激活钢笔工具，或切换为蒙版羽化工具。

用户使用蒙版羽化工具时，需要在时间轴面板中选中图层的蒙版路径，再在查看器面板的蒙版轮廓上添加控制点，拖曳控制点即可调整相邻控制点之间的羽化范围。控制点与蒙版距离越近，羽化效果越不明显，反之羽化效果越明显，如图4-20所示。

图4-20

提示　选中控制点，按Delete键可以删除控制点。

第4节 蒙版的布尔运算

蒙版的计算模式决定了蒙版如何在图层上起作用。创建蒙版时,蒙版的默认计算模式是"相加"。当一个图层中有多个蒙版时,调整蒙版的计算模式可以制作出复杂的几何图形。

知识点 蒙版的计算模式

由于After Effects处理蒙版计算的顺序是从上到下,因此一定要注意蒙版的上、下顺序。最上层蒙版的默认计算模式为"相加",从第二个蒙版开始调整计算模式即可进行计算。在计算时需要展开图层的蒙版选项组,在蒙版名称右侧的下拉菜单中选择相应的计算模式,如图4-21所示。

图4-21

> 提示 蒙版的布尔运算只能用于同一图层的不同蒙版之间。

需要注意的是,当蒙版的计算模式为"无"时,蒙版不生效,如图4-22所示,但可以为其他动画效果提供动画路径和依据,例如描边动画、光线动画等。

 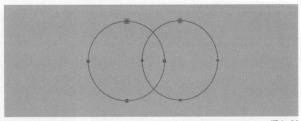

图4-22

在蒙版的计算模式中,常用的有"相加""相减""交集""差值"4种。下面将对这4种计算模式进行具体的讲解。

(1)相加:将上层蒙版与下层蒙版的区域进行相加处理,在查看器面板中显示所有的蒙版区域,如图4-23所示。

图4-23

（2）相减：蒙版之间采取相减的计算方式，上层蒙版减去下层蒙版，被减去的区域不在查看器面板中显示，如图4-24所示。

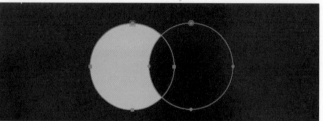

图4-24

（3）交集：蒙版之间采取交集的计算方式，查看器面板中显示上层蒙版与下层蒙版相交的区域，如图4-25所示。

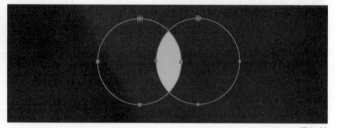

图4-25

（4）差值：蒙版之间采取并集减交集的计算方式，查看器面板中显示除交集以外的所有蒙版区域，如图4-26所示。

图4-26

案例　制作齿轮图案

在制作较为复杂的几何图形时，需要灵活运用蒙版的计算模式。本案例需要对蒙版进行多次计算，以得到想要的图形，案例最终效果如图4-27所示。

图4-27

在案例的制作过程中，所有的蒙版都在合成中心位置进行创建。

提示 单击"选择网格和参考线选项"按钮⊞，选择"标题/动作安全"打开查看器面板的标题/动作安全框，可以方便地查看查看器面板的中心点位置，如图4-28所示。

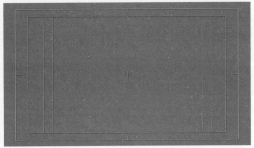

图4-28

■ 步骤01 制作齿轮外圈结构

新建尺寸为"1280×720"的合成。按快捷键Ctrl+Y新建纯色图层，并命名为"背景"，背景色可以设置为较为鲜艳的玫红色。新建白色纯色图层并命名为"齿轮"。在接下来的操作中，蒙版的布尔运算都在"齿轮"图层上进行。

使用星形工具在图层的中心位置创建一个多边星形作为"蒙版1"，并增加多边星形的顶点数量。

使用椭圆工具在图层中心位置创建一个圆形作为"蒙版2"，圆形的外轮廓不要超过"蒙版1"，并将"蒙版2"的计算模式改为"交集"。

使用椭圆工具在图层中心位置创建一个圆形作为"蒙版3"，圆形的直径略小于"蒙版2"，将其计算模式改为"相加"。

使用椭圆工具在图层中心位置创建一个圆形作为"蒙版4"，圆形的直径略小于"蒙版3"，将其计算模式改为"相减"。

以上步骤的计算过程如图4-29所示，齿轮的外圈结构就制作完毕了。

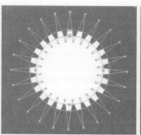
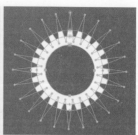

图4-29

■ 步骤02 制作齿轮内部结构

齿轮的外圈结构制作完毕后，继续进行齿轮内部结构的制作。

使用矩形工具在图层中心位置创建一个矩形作为"蒙版5"，将其计算模式改为"相加"。

按快捷键Ctrl+D复制"蒙版5"，并将复制出来的"蒙版6"旋转90°（提示：按住Shift键旋转两次即可），其计算模式同样为"相加"。

创建一个圆形作为"蒙版7"，直径大约为内部圆形直径的一半，将其计算模式改为"相加"。

创建一个较小的圆形作为"蒙版8"，将其计算模式改为"相减"。

至此，齿轮的内部结构也制作完毕了，以上步骤的制作过程如图4-30所示。

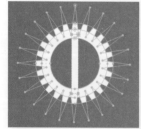

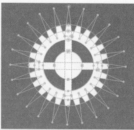
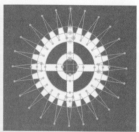

图4-30

完成以上操作后，一个齿轮图案就通过蒙版间的布尔运算制作完成了。至此，本节已讲解完毕。请扫描图4-31所示二维码观看视频进行知识回顾。

图4-31

第5节 蒙版路径动画

在蒙版属性中，用户可以通过修改蒙版路径的位置、形状等属性来制作动画。蒙版的路径动画可大致分为基本动画与变形动画两种。

知识点1 基本动画

基本动画是指改变蒙版路径的缩放、位移、旋转等基本属性实现的动画。基本动画不涉及蒙版形态变化复杂的动画，案例效果如图4-32所示。

图4-32

以上这个案例展示的是白天与夜晚模式的转换过程。太阳到月牙的变形动画需要进行蒙版间的计算和蒙版路径的位移来实现，背景色的变化可以通过调节图层的不透明度来实现。

■ 步骤01 制作太阳与月亮的变形动画

新建一个尺寸为"1280×720"、时长为2秒的合成。新建一个纯色图层作为背景，将背景色设置为白色，在图层的中心位置创建一个圆形的蒙版，如图4-33所示。

图4-33

选中"蒙版1"，按快捷键Ctrl+D进行复制，并将复制出来的"蒙版2"的计算模式改为"相减"。将"蒙版2"拖动到"蒙版1"的左上方使二者分离，为"蒙版2"的蒙版路径添加关键帧，如图4-34所示。

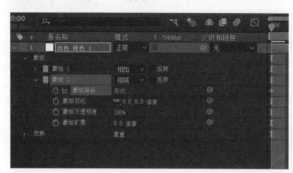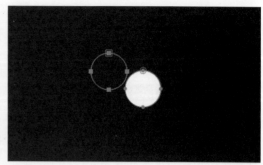

图4-34

　　将时间指示器拖动至第23帧处，移动"蒙版2"使其与"蒙版1"相交，改变"蒙版2"的位置之后，其蒙版路径会自动生成关键帧。在第1秒03帧处为蒙版路径手动添加关键帧，在第1秒24帧处将"蒙版2"移回"蒙版1"左上方，如图4-35所示。

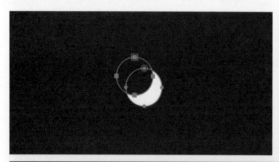

图4-35

■ 步骤02 制作太阳与月亮的位移动画

　　选中蒙版所在图层，在第0秒处将图层位置属性中的x轴数值修改为"540"，并添加关键帧；在第23帧和第1秒03帧处将x轴数值修改为"740"；在第1秒24帧处将x轴数值改为"540"，如图4-36所示。为方便查看，将该图层重命名为"太阳月亮"。

图4-36

■ 步骤03 制作按钮背景变色效果

新建蓝色图层，命名为"按钮－白天"。在图层中心处创建一个圆角矩形，该圆角矩形要能够容纳"太阳月亮"图层的蒙版运动范围。复制"按钮－白天"图层，并将其背景色改为深紫色，重命名为"按钮－夜晚"，并放置在"按钮－白天"图层的下层，如图4-37所示。

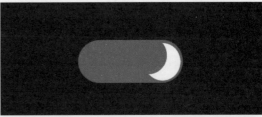

图4-37

> 提示 选中图层，按回车键可以对图层进行重命名，以方便查看。

为"按钮－白天"图层的不透明度制作关键帧动画。第0帧处的不透明度为"100%"，如图4-38所示。第23帧和第1秒03帧处的不透明度为"0%"，第1秒24帧处的不透明度为"100%"。

图4-38

■ 步骤04 制作背景的变色效果

创建两个纯色图层，放在图层最下层。一个颜色为白色（白天），另一个颜色为浅紫色（夜晚），将"白天"图层放在"夜晚"图层的上层，如图4-39所示。

图4-39

为"白天"图层的不透明度添加关键帧动画。第0帧处的不透明度为"100%",如图4-40所示。第23帧和第1秒03帧处的不透明度为"0%",第1秒24帧处的不透明度为"100%"。

图4-40

通过以上操作,就完成了白天模式与夜晚模式相互切换的小动画。请扫描图4-41所示二维码可观看本案例详细操作视频。

图4-41

知识点2 变形动画

创建蒙版后,可以对蒙版路径的形状进行编辑。因为蒙版是由多个控制点组成的路径,所以使用选取工具 移动这些控制点可以改变蒙版路径的形状。下面将通过一个案例来讲解如何制作变形动画,案例最终效果如图4-42所示。

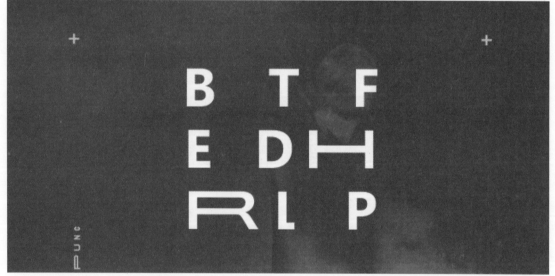

图4-42

■ 步骤01 制作文字蒙版

新建一个尺寸为"1280×720"、时长为2秒01帧的合成,并导入背景图片。使用文字工具 在查看器面板中单击创建文本图层,并输入字母"ＥＤＨ",在工作界面右侧的分组面板中将段落对齐方式设置为"居中",并在字符面板中选择一个粗细较为均匀的字体样式,调整文字的大小和间距,并设置为"全部大写字母"。调整完成后,将文本图层放置在合成的中心位置,如图4-43所示。

选中"ＥＤＨ"图层,复制两次,将内容分别修改为"ＢＴＦ"和"ＲＬＰ",并将这3个图层做上下排列;分别调整字间距,使字母的两侧对齐,如图4-44所示。

图4-43

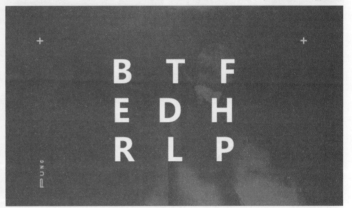

图4-44

在时间轴面板中选中文本图层，执行"创建-从文字创建蒙版"命令，将自动创建一个带有蒙版的纯色图层，之前的文本图层会自动变为不可见状态，如图4-45所示。也可以将之前的文本图层删除。

图4-45

■ 步骤02 制作蒙版动画

以字母B为例，选中B的3个蒙版，单击码表添加关键帧。移动时间指示器，使用选取工具 在查看器面板中框选字母B右半部分的控制点，将鼠标指针移动到其中任一控制点上，按住鼠标左键将其向右拖曳至合适位置（按住Shift键可限制在水平方向上拖曳），如图4-46所示。

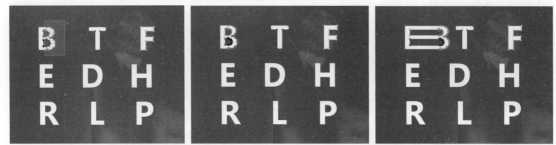

图4-46

移动时间指示器为蒙版路径手动添加关键帧，再次移动时间指示器，框选第一个关键帧并按快捷键Ctrl+C复制，然后按快捷键Ctrl+V粘贴，第一个关键帧就被复制粘贴至时间指示器所在位置了。最后调整动画关键帧的间隔来调节字母B的动画节奏。关键帧间隔时间越长，动画速度越慢；关键帧间隔时间越短，动画速度越快。至此，字母B的变形动画就完成了，如图4-47所示。

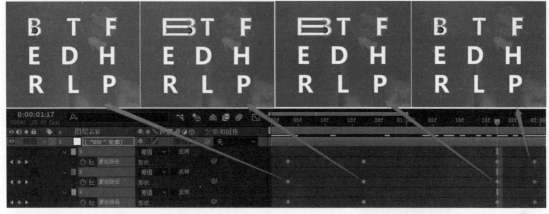

图4-47

动画中有部分字母的变形动画需要两步完成，以字母F为例，选中F的蒙版，单击码表添加关键帧；然后移动时间指示器；使用选取工具框选字母F最左侧的控制点，将其向左拖曳至合适位置；再次移动时间指示器，框选字母F横竖笔画相交处的控制点，将其向左拖曳至合适位置，如图4-48所示。

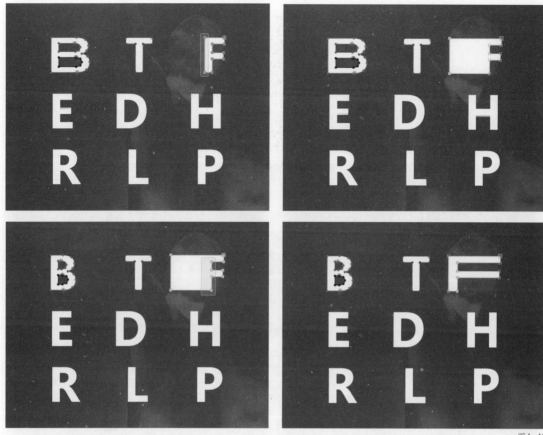

图4-48

　　移动时间指示器为蒙版路径手动添加关键帧，并在时间轴面板中复制粘贴第二个关键帧和第一个关键帧，调整关键帧的间隔时间来调节动画节奏，如图4-49所示。

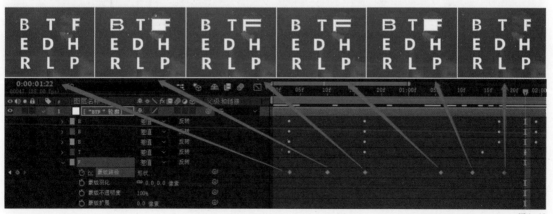

图4-49

　　使用同样的方法制作其他字母的蒙版变形动画，最终效果和关键帧示意如图4-50所示。

图4-50

通过以上操作，完成文字蒙版变形动画的制作。请扫描图4-51所示二维码观看本案例详细操作视频。

图4-51

第6节 综合案例——火箭升空动画

在MG动画中，蒙版的运用随处可见。掌握一些使用蒙版的小技巧，能让动画制作更加方便。蒙版还可以与After Effects中的效果结合，制作出一些非常美观的动画。在本节的火箭升空动画案例中，将使用蒙版形状作为运动路径来制作动画，同时还会结合文字蒙版和After Effects的描边效果来实现文字的描边生长动画。本案例最终效果如图4-52所示。

图4-52

■ 步骤01 制作火箭飞行动画

导入案例素材，新建尺寸为"1920×1080"、时长为10秒的合成。新建蓝色图层，命名为"背景"。新建一个纯色图层，在纯色图层上用钢笔绘制一条曲线作为火箭的运动路径，并将该纯色图层重命名为"运动轨迹"，如图4-53所示。

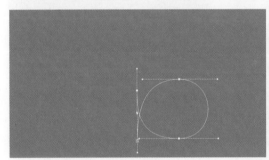 

图4-53

将火箭素材拖到时间轴面板中，调整缩放值为"78%"。复制"运动轨迹"图层的蒙版路径，选中"火箭"图层的位置属性进行粘贴，此时"火箭"图层的位置属性上会自动生成运动关键帧，如图4-54所示。拖动时间指示器预览动画，可以发现火箭的运动路径与复制的蒙版路径是一致的，如图4-55所示。

图4-54

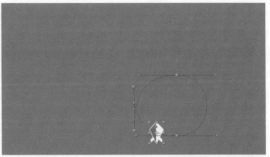

图4-55

　　选中"火箭"图层，单击鼠标右键，执行"变换-自动定向"命令，在自动定向对话框中选中"沿路径定向"，将"火箭"的旋转值调整为"90°"，此时会发现火箭的朝向与其运动方向自动匹配，如图4-56所示。将"火箭"图层位置属性的第一个关键帧拖曳至第1秒处，将最后一帧拖曳至第4秒处，如图4-57所示。

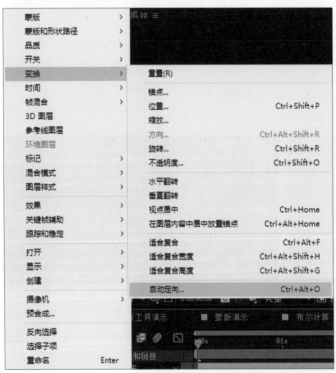

图4-56

图4-57

　　在第7秒处，将"火箭"位置属性的 y 轴高度调整到"460"左右，并框选最后两个关键帧，将鼠标指针放在关键帧图标上，单击鼠标右键，执行"关键帧插值"命令，在弹出的对话框中将空间插值调整为"线性"，如图4-58所示。

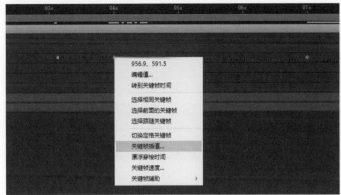

图4-58

■ 步骤02 制作背景动画

将星空背景素材拖曳到时间轴面板中火箭素材的下方，将时间指示器拖曳至第4秒处，调整"星空背景"图层位置属性的Y轴数值为"-1080"，将素材移出查看器面板，并单击码表添加关键帧。在第6秒处，调整Y轴数值为"920"。在第8秒处，调整Y轴数值为"1080"，如图4-59所示。

图4-59

制作星空背景的消失动画。选中"星空背景"图层，在第7秒处为不透明度属性添加关键帧，设置不透明度为"100%"。设置第8秒处的不透明度为"0%"，如图4-60所示。

图4-60

■ 步骤03 制作Logo出场动画

将Logo素材拖曳到时间轴面板中"星空背景"图层的上层,在第6秒处将不透明度调整为"0%"并添加关键帧。移动时间指示器至第6秒13帧,将不透明度调整为"100%",如图4-61所示。

图4-61

使用文字工具在查看器面板中输入字母"Rocket",选择一个手写风格的英文字体,将字母移动至Logo图案的对应位置,并调整字母的大小、间距、位置使字母跟Logo图案相匹配,如图4-62所示。

图4-62

将"Rocket"文字图层转换为蒙版,并选中蒙版,单击鼠标右键,执行"效果-生成-描边"命令添加描边效果,如图4-63所示。在效果控件面板的描边参数中勾选"所有蒙版"和"顺序描边",将画笔大小改为"3",将绘画样式修改为"在透明背景上",如图4-64所示。

> **提示** 按F3键可以在项目面板中调出或隐藏效果控件面板。

当火箭飞到字母上方时(第6秒13帧),将描边效果的结束参数改为"0%"并添加关键帧。当星空背景完全透明时(第8秒)将结束参数改为"100%",如图4-65所示。

图4-63

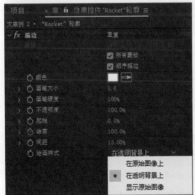

图4-64

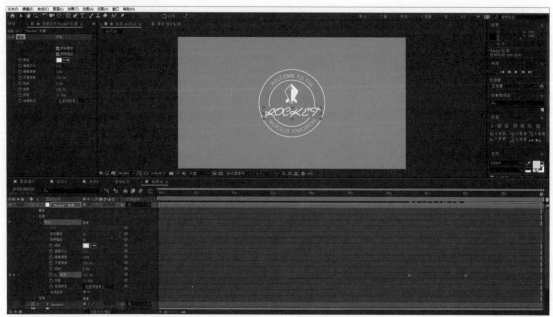

图4-65

■ 步骤04 细节修饰

在动画中为元素添加一些运动细节或在画面中增加一些修饰性元素，会让动画更生动。例如在火箭升空前为火箭添加一些震动效果，以及在火箭飞行过程中添加一段飞行轨迹。下面进行这两处动画细节的制作。

选中"火箭"图层，在第23帧处为旋转属性添加关键帧，然后分别在时间轴面板中的第20帧、第17帧、第14帧和第11帧处，将旋转值设置为"75°""105°""75°""105°"，然后在第8帧处将旋转值恢复至"90°"，如图4-66所示。

图4-66

找到"运动轨迹"图层，为其添加描边效果，将画笔大小设置为"3"，将画笔硬度设置为"50%"。在飞行轨迹中选择一段来制作描边动画，在第1秒05帧处将结束参数设置为

"4%"并添加关键帧；在第1秒15帧处将起始参数设置为"4%"并添加关键帧。移动时间指示器至第2秒15帧处，将起始参数和结束参数都调整为"44%"，如图4-67所示。

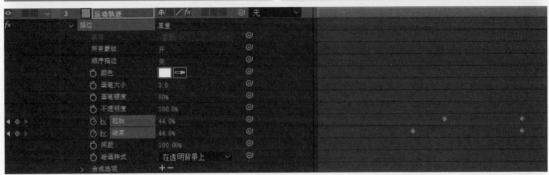

图4-67

至此，本节已讲解完毕。请扫描图4-68所示二维码观看本案例详细操作视频。

图4-68

本课练习题

1. 选择题

（1）快速查看当前图层蒙版路径的快捷键是（　　）。

A. M键　　　　　　B. F键　　　　　　C. Q键　　　　　　D. G键

（2）要让蒙版边缘产生由不透明到透明的柔和过渡，需要调节的蒙版属性是（　　）。

A. 蒙版路径　　　B. 蒙版羽化　　　C. 蒙版不透明度　　D. 蒙版扩展

（3）使用圆角矩形工具创建蒙版时，按（　　）键可以使圆角变为最大。

A. ↑　　　　　　　B. ↓　　　　　　　C. ←　　　　　　　D. →

（4）如果要显示同一图层的两个蒙版间的重叠区域，应该将下方蒙版的计算模式设置为（　　）。

A. 相加　　　　　B. 相减　　　　　C. 交集　　　　　D. 差值

参考答案：（1）A　（2）B　（3）D　（4）C

2. 操作题

制作图4-69所示的纸飞机飞行动画及其飞行轨迹的描边动画。

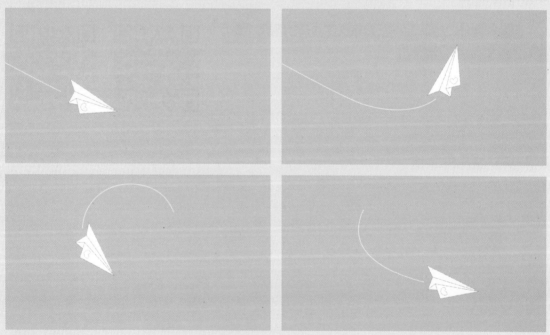

图4-69

> **操作题要点提示**
>
> 　　纸飞机的飞行动画可以利用蒙版路径来进行制作，并且需要为纸飞机设置自动定向。
>
> 　　可以通过给蒙版图层添加描边效果来制作纸飞机的飞行轨迹，可以通过为描边效果中的起始参数和结束参数添加关键帧来制作轨迹的出现和消失动画。

第 **5** 课

合成嵌套与预合成

读者在学习动画制作的初期，总会遇到各种各样的困难，例如需要把多个图层合并为一个整体，又或者需要为多个图层添加相同的效果。此时，合成嵌套与预合成能完美地解决问题。

本课将针对合成嵌套和预合成的相关知识进行讲解。

本课知识要点

◆ 嵌套的方式

◆ 预合成对话框的分类

◆ 预合成的复制

◆ 图层的塌陷

第1节 嵌套的方式

用户在After Effects中不能像在其他软件中一样进行编组操作，如果想要把图层整合在一起，则需要通过嵌套来实现。

知识点 1 合成嵌套

合成嵌套是指一个合成包含在另一个合成中，而嵌套在其中的合成显示为一个图层。操作方法为新建合成后，将另一个合成拖入新建的合成当中，被拖曳的合成就用作该合成的源素材，如图5-1所示。

图5-1

若一个合成内包含多个合成，结构就会变得复杂。如果合成内总共有3个合成，如图5-2所示，把合成名为"第3级"的合成作为下游，那么嵌套在最深一层的"第1级"合成就是合成的上游。

图5-2

当嵌套的合成比较多，想要快速切换到"第1级"合成时，除了可以单击时间轴面板上每个合成的名字进行切换（展开的合成比较多时不适用）外；还能单击时间轴面板上的"合成微型流程图"按钮 切换合成，快捷键为Tab。

当打开合成微型流程图时，A为指示合成不会流动到其他合成中的指示器，B为流动方向，C为活动（当前）合成，D为上游合成，E为指示其他合成流动到这些合成中的指示器，如图5-3所示。

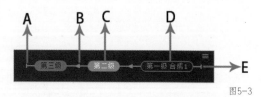

图5-3

知识点 2 预合成

除了合成嵌套以外，还有另外一种嵌套方式——预合成。在时间轴面板中选中图层，单击鼠标右键，执行"预合成"命令，将图层转换为预合成，快捷键为Shift+Ctrl+C，如图5-4所示。

图5-4

预合成和合成一样，也可以进行多次嵌套。但遗憾的是，在After Effects中，无论是预合成还是合成嵌套，均没有办法对已经在合成中的图层进行释放。如果要释放图层，需要进入预合成内部复制或者剪切图层，然后将图层粘贴到该预合成外，嵌套合成也是如此。

同样，想要快速地在嵌套好的多个预合成中进行切换，也可以通过合成微型流程图实现。

知识点 3 合成嵌套与预合成的作用

合成嵌套与预合成虽然在操作方法上有区别，但是它们的作用是一样的。

合成嵌套与预合成可以将多个图层或者合成作为一个整体进行动画制作，并应用同一个效果滤镜，以简化操作，如图5-5所示。

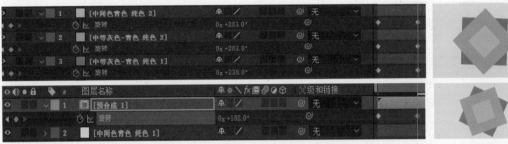

图5-5

当合成中的图层变换属性被编辑，无法再次使用变换属性时，可以选中图层，单击鼠标右键，执行"预合成"命令。这样图层不仅拥有自身的变换属性，还通过预合成添加了一个可编辑的合成变换属性。例如制作月球同时自转和公转的动画时，需要同时用到两个位置属性，如图5-6所示。

图5-6

在动画自身的合成中制作动画，然后根据需要将该合成拖动到其他合成中多次使用，如图5-7所示。

当合成中嵌套了多个相同的合成时，修改其中的某一个合成，其他合成也会进行相应的修改，如图5-8所示。

在渲染时，系统针对图层的效果和变换属性的关键帧动画等有默认的渲染顺序。当图层上有效果和变换关键帧时，会先渲染效果，再渲染图层的变换关键帧。

图5-7

（相同合成内的元素）

（修改相同合成内的元素）

（修改后相同合成的显示）

图5-8

这样的渲染顺序将导致效果无法应用到调整过变换属性的素材上。如果将图层转换为预合成，便会更改默认的渲染顺序，即先渲染变换属性的关键帧动画，然后渲染效果。例如，在制作了位置动画的图层上添加残影效果，如图5-9所示。

图5-9

第2节　预合成对话框的分类

上一节讲解了如何将图层转换为预合成。当执行"预合成"命令后，After Effects 会弹出预合成对话框，该对话框中有预合成的分类选择，如图5-10所示。

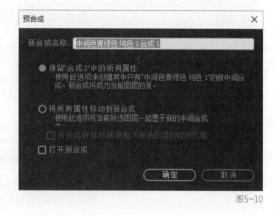

图5-10

保留"合成"中的所有属性

在对图层进行预合成时，选择不同的选项会产生不同的效果。例如在场景中单独将"星星"图层转换为预合成时，After Effects 会默认选中预合成对话框中的"保留'合成1'中的所有属性"，如图5-11所示。

此时，"星星"图层上的效果、属性的关键帧及蒙版都会转移到预合成上，而"星星"图层在预合成的内部，如图5-12所示。

转移到预合成上的效果、蒙版会对合成内的所有图层起作用。在预合成内添加新的图层"矩形"，而在预合成外只会显示星形蒙版的范围，不会显示在预合成内新添加的"矩形"图层，如图5-13所示。

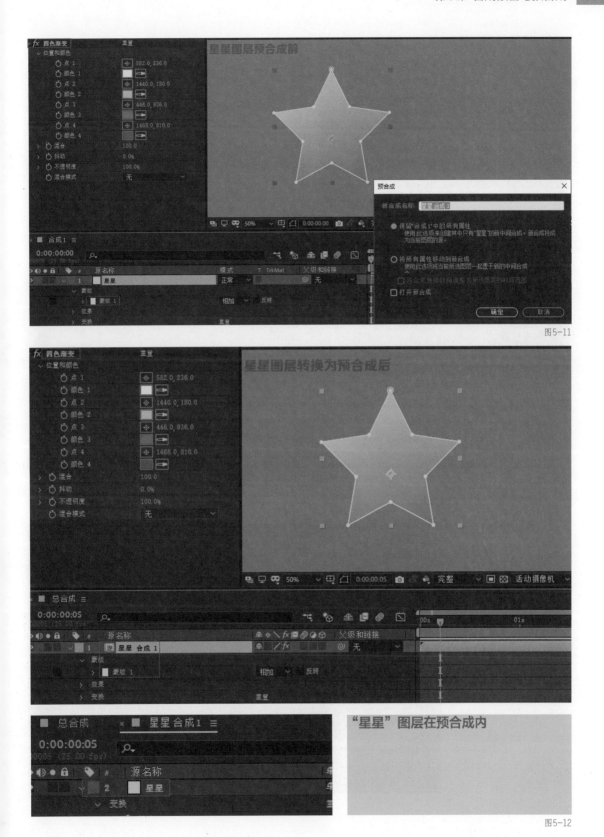

图5-11

图5-12

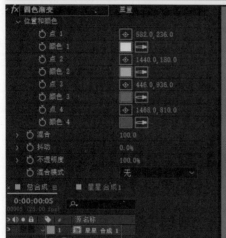

图5-13

将所有属性移动到新的合成

把一个图层转换为预合成时，除了可以选中预合成对话框中的"保留'合成'中的所有属性"，也可以选中"将所有属性移动到新合成"。在图5-14所示场景中，单独选中"中间色品蓝色 纯色1"图层，单击鼠标右键，执行"预

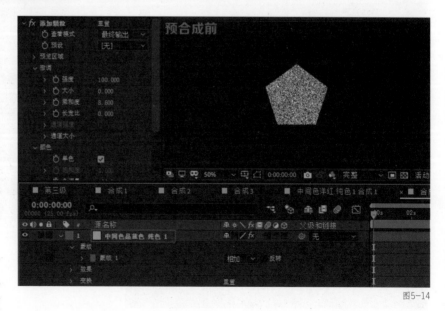

图5-14

合成"命令，在弹出的预合成对话框中选中"将所有属性移动到新合成"，生成新的合成如图5-15所示。

转换为预合成后，原图层上的效果、属性的关键帧及蒙版路径都会随着图层进入预合成的内部，且不会对其他图层产生影响，如图5-16所示。

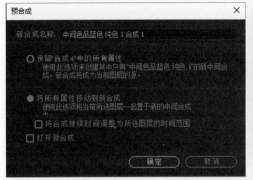

图5-15

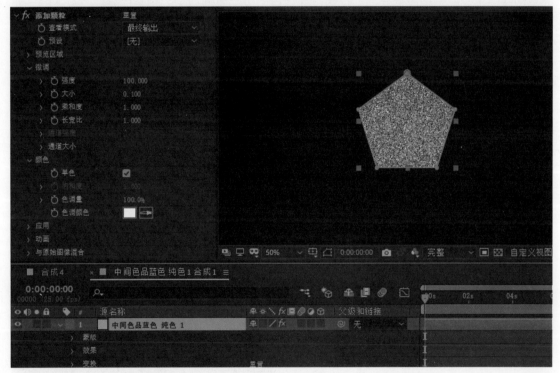

图5-16

而把多个图层转换为预合成时，After Effects会默认选中预合成对话框中的"将所有属性移动到新合成"。在制作动画时，应该根据不同的制作需求选择预合成对话框中不同的选项，每一个选项都有自己的优点。例如当需要更换主体，而不需要对效果进行改变时，应该选中"保留合成中的所有属性"；当图层需要保留自己的效果又需要有整体的动画时，应该选中"将所有属性移动到新合成"。

第3节 预合成的复制

需要将场景中的预合成复制多层时，可以根据预合成的使用场景选择复制的方法。接下来讲解复制预合成的方法。

> 提示　因为预合成和嵌套合成是两种不同方式生成的同一种结果，为了方便讲解，所以本节将这两种方式生成的合成统称为"预合成"。

知识点 1　在项目面板中复制

预合成的复制方法与图层的复制方法一致。选中预合成，在项目面板中按快捷键Ctrl+D会生成相同的预合成，其名称后会自动添加数字进行区别，如图5-17所示。

图5-17

将复制的预合成拖曳到时间轴面板中，进行的动画更改或者效果调整都不会影响到原预合成，这表示在项目面板中复制得到的预合成是独立存在的，如图5-18所示。

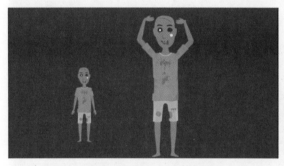

图5-18

知识点 2　在时间轴面板中复制

预合成既可以在项目面板中进行复制，同样也可以在时间轴面板中进行复制，如图5-19所示。

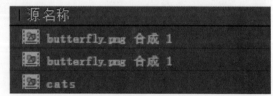

图5-19

在时间轴面板中复制预合成时，会生成完全相同的预合成，二者名字也是一样的，复制得到的预合成还包括原预合成上所添加的效果。如果进入预合成内进行修改，两个预合成都会发生变化；但如果对预合成进行操作，只有被操作的预合成才会发生变化，如图5-20所示，其中两只蝴蝶的位置不同。

图5-20

案例 预合成复制动画

预合成的两种复制方法都很简单，接下来将通过案例进一步了解它们的区别，案例效果如图5-21所示。

图5-21

■ 步骤01 制作基础场景

在项目面板空白处单击鼠标右键，执行"文件–导入"命令导入本案例的所有素材，如图5-22所示。

按快捷键Ctrl+N，新建尺寸为"1280×720"、时长为5秒的合成，并命名为"预合成复制动画"。

图5-22

■ 步骤02 摆放已有的手机内部元素

在菜单栏中执行"图层－新建－纯色"命令，在弹出的纯色对话框中调整颜色为"青色"，将生成的纯色图层作为背景图层。

在项目面板中将"手机框1""时间标题""火星仔""小树"图层拖曳到时间轴面板中，再分别调整各图层的缩放属性和位置属性的参数，使各元素比例正确，并将元素放到合适的位置，如图5-23所示。

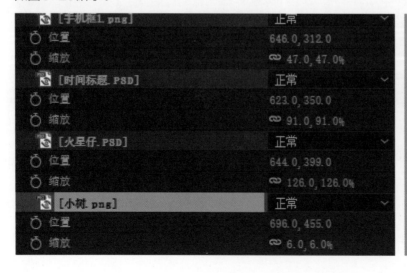

图5-23

■ 步骤03 制作手机内部缺少的元素

新建白色图层，并命名为"云朵"。使用钢笔工具在该图层上绘制不规则的蒙版路径，如图5-24所示。

再次新建纯色图层，并将该图层放在"云朵"图层上层。选中纯色图层，在菜单栏中执行"效果–过渡–百叶窗"命令，并调整"百叶窗"效果的各项参数，如图5-25所示。

在时间轴面板中选中"云朵"图层，单击"轨道遮罩"按钮，选择"Alpha"使图层变成不规则的条纹，如图5-26所示。

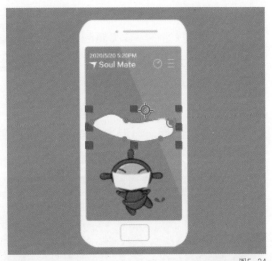

图5-24

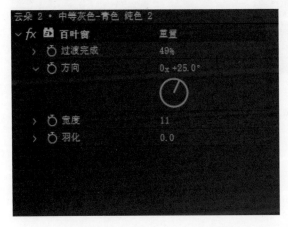

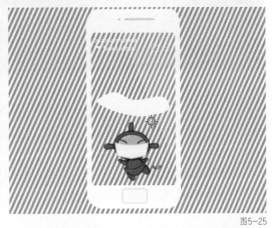

图5-25

在时间轴面板中选中"白色 纯色3"和"云朵"图层，单击鼠标右键，执行"预合成"命令，在预合成对话框中将合成命名为"云朵"。对合成缩放属性和位置属性的参数进行调整，使"云朵"变小，并将其放在合适的位置上，如图5-27所示。

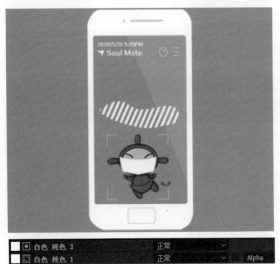

图5-26

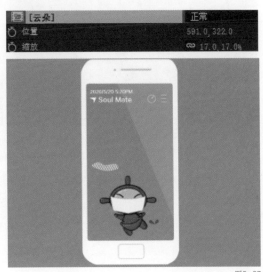

图5-27

在项目面板中选中"云朵"合成，按快捷键Ctrl+D 3次复制3层，如图5-28所示。

图5-28

在项目面板中选中"云朵2""云朵3""云朵4"合成并将它们拖曳到时间轴面板中，分别进入合成内部，对"云朵"图层的蒙版路径进行调整。再退出合成，对各合成的缩放属性和位置属性的参数进行调整，将合成调整到合适的大小和位置，如图5-29所示。

图5-29

提示 因为此处"云朵"合成的复制是通过项目面板进行的，所以对合成内部图层进行的修改不会影响到其他的图层。

在时间轴面板中选中"小树"图层，使用中心点工具将中心点调整到图层的右下方，并调整图层缩放属性和位置属性的参数如图5-30所示。

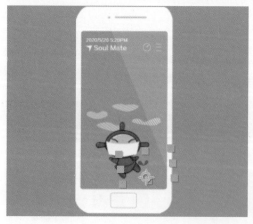

图5-30

将时间指示器拖曳到第0帧，选中"小树"图层，将旋转属性参数调整为"-7°"，并单击旋转属性左侧码表添加关键帧；将时间指示器拖曳到第15帧，将旋转属性的参数调整为"-12°"；框选两个关键帧进行复制，再每隔15帧进行粘贴，生成的"小树"摇摆循环动画如图5-31所示。

> **提示** 先制作好"小树"摇摆动画，可以避免后续将
> 图层整合到一起后不好制作动画。

在时间轴面板中选中除"手机框1"和"深青色 纯色1"
以外的图层，单击鼠标右键，执行"预合成"命令，并修改
名字为"桌面"，将多个图层合并为一个整体，以减少重复
操作，如图5-32所示。

在菜单栏中执行"图层-新建-文本"命令，生成文本
图层，输入文字内容"*火星时代时讯*"并调整文字细节，
如图5-33所示。

图5-31

图5-32

新建纯色图层作为文字底板。使用矩形工具在纯色图层上绘制矩形蒙版路径，如
图5-34所示。

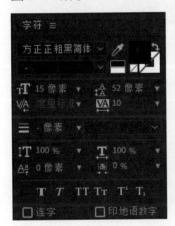

图5-33

图5-34

选中文字图层和文字底板图层，单击鼠标右键，执行"预合成"命令，将两个图层合并为
一个整体，如图5-35所示。

1	[文字1]	正常	

图5-35

在项目面板中选中"文字1"合成并复制两层，将它们拖曳到时间轴面板中，如图5-36所示。

文字1		合成		1	[文字1]	正常
文字2		合成		2	[文字2]	正常
文字3		合成		3	[文字3]	正常

图5-36

在时间轴面板中双击"文字2"合成，进入合成内部将文字内容修改为"火星*VIP直播
课程"，并调整文字底板的大小。退出合成，调整"文字2"合成的位置。

按照上面的方法对"文字3"合成的文字内容、行间距及文字底板大小进行修改，将文字

内容修改为"火星时代专业课程，为你打造进阶之路"。退出合成，调整"文字3"合成的位置，效果如图5-37所示。

■ 步骤04 制作手机外部元素

在项目面板中选中"小树"图层，并将其拖曳到时间轴面板中的"手机框1"图层下层，调整其缩放属性参数和位置属性的参数如图5-38所示。

图5-37

图5-38

在时间轴面板中选中"小树"图层，复制出多层，并分别对各图层的缩放属性和位置属性的参数进行调整，使每棵小树的大小合适、位置摆放符合构图，如图5-39所示。

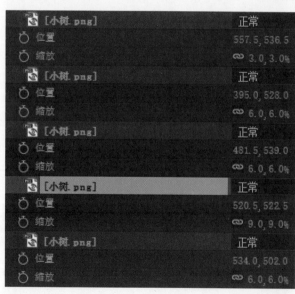

图5-39

选中其中任意两个"小树"图层，对它们的不透明度属性进行调整，效果如图5-40所示。

选中所有的"小树"图层，单击鼠标右键，执行"预合成"命令，在预合成对话框中将合成命名为"小树"，效果如图5-41所示。

图5-40

图5-41

在时间轴面板中选中"小树"合成并复制两层,将其中一个合成拖曳到"手机框1"图层上层;再单击另一个合成缩放属性的"链接"按钮,调整缩放属性x轴的参数为负数,可使图层进行翻转;然后摆放好两个"小树"合成的位置,如图5-42所示。

在菜单栏中执行"图层-新建-文本"命令,生成文本图层,输入文字内容"Welcome to MARS EAR",按回车键将文字调整为两行。并在字符面板中调整字体、文字颜色及行间距,再分别调整两行文字的大小,使主题文字更具设计感,如图5-43所示。

图5-42

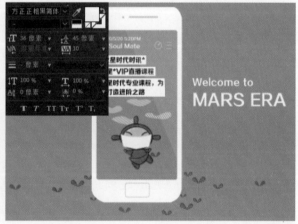

图5-43

■ 步骤05 制作手机框动画

在制作动画时,为了方便观察动画效果,可以只显示需要制作动画的图层,并关闭其他图层的显示。

在时间轴面板中将时间指示器拖曳到第0帧,调整"手机框1"图层的缩放属性Y轴数值并添加关键帧;将时间指示器拖曳到第3帧,调整"手机框1"图层的缩放属性Y轴数值,这时手机框会自动生成缩放动画,如图5-44所示。

图5-44

为了使手机框的动画更生动，在第6帧和第9帧处对"手机框1"图层的缩放属性 Y 轴数值分别进行调整，并单击图层的"运动模糊"按钮，如图5-45所示。

图5-45

■ 步骤06 制作桌面动画

在时间轴面板中选中"桌面"合成，将时间指示器拖曳到第21帧，为不透明度属性添加关键帧。将时间指示器拖曳到第12帧，将不透明度属性的参数调整为"0%"，使"桌面"合成有出场动画，如图5-46所示。

■ 步骤07 制作文字动画

将时间指示器拖曳到第17帧，选中"文字1"图层，为其位置属性添加关键帧。再将时间指示器拖曳到第7帧，将位置属性参数调整为"842.0，360.0"，使文字从手机框外进入手机，如图5-47所示。

图5-46

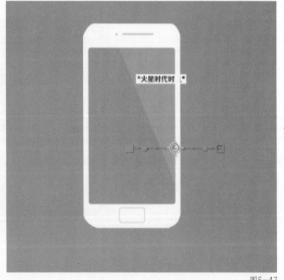

图5-47

选中"文字2"图层，将时间指示器拖曳到第19帧，为其位置属性添加关键帧。将时间指示器拖曳到第18帧，将位置属性参数调整为"640.0，386.0"，如图5-48所示。

选中"文字3"图层，将时间指示器拖曳到第29帧，为其位置属性添加关键帧。将时间指示器拖曳到第19帧，将位置属性参数调整为"873.0，412.0"，如图5-49所示。

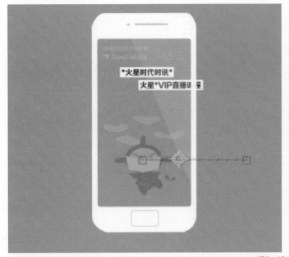
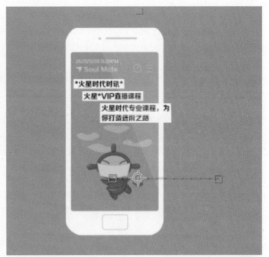

图5-48

图5-49

再选中"文字1""文字2""文字3"图层，单击鼠标右键，执行"预合成"命令，将合成命名为"信息"，使3个图层合并为一个整体。

新建纯色图层，根据手机外壳大小用矩形工具绘制蒙版路径，并将其放置在"信息"合成下层，单击"信息"合成上的轨道遮罩框，选择"Alpha"使纯色图层成为"信息"合成的蒙版，用于模拟信息弹出来的效果，如图5-50所示。

选中任意一个"小树"合成，进入合成内部对所有"小树"图层的第0帧和第4帧的缩放属性参数进行调整，并添加关键帧，然后将每一层的关键帧向后拖曳1帧，使每棵小树错开生长，如图5-51所示。

图5-50

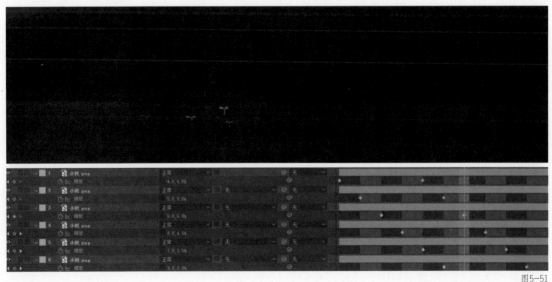

图5-51

提示 其他合成的小树也会生成相应的动画。因为合成是在时间轴面板中复制的，所以修改其中一个合成后，其他合成也会实时进行改变。

退出"小树"合成，在时间轴面板中分别将3个"小树"合成拖曳到第17帧、第18帧、第19帧上，使整体动画更加生动，如图5-52所示。

图5-52

提示 将3个"小树"合成拖曳到第17帧、第18帧、第19帧上后，因为动画一致，所以只是小树生成的位置不一样。

■ 步骤08 制作主题动画

在时间轴面板中将时间指示器拖曳到第1秒10帧，选中主题文字图层，为不透明度属性添加关键帧。将时间指示器拖曳到第10帧，将不透明度属性参数调整为"0%"，完成主题文字的出场动画，效果如图5-53所示。

■ 步骤09 制作投影动画

新建黑色图层，在时间轴面板中将该图层拖曳到背景图层上层，并使用椭圆工具在该图层上绘制蒙版，再调整羽化值为"20"。

然后将时间指示器拖曳到第8帧，调整图层不透明度属性参数为"0%"，并添加关键帧；再将时间指示器拖曳到第12帧，将不透明度属性参数调整为"20%"，制作出投影出场动画，效果如图5-54所示。

■ 步骤10 制作整体动画

在时间轴面板中选中所有图层，单击鼠标右键，执行"预合成"命令，将多个图层合并为一个整体。将时间指示器拖曳到第1秒18帧，为缩放属性参数添加关键帧；将时间指示器拖曳到第4秒，调整缩放属性参数为"110.0，110.0"，如图5-55所示。在项目面板中将背景音乐素材拖曳到时间轴面板中，完成该案例的制作。

图5-53

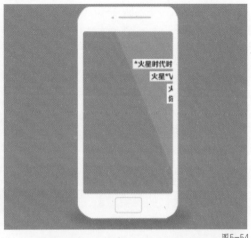

图5-54

图5-55

至此，本节已讲解完毕。请扫描图5-56所示二维码观看本案例详细操作视频。

图5-56

第4节 图层的塌陷

预合成可以解决动画制作过程中的一些问题，但同时也会产生新的问题。这些问题可以用时间轴面板上的小太阳按钮 ☀ 来解决。

小太阳按钮也就是常说的塌陷开关。在时间轴面板的塌陷开关图标下方单击对应的图层，便可以打开图层的塌陷开关，如图5-57所示。接下来详细讲解塌陷开关的作用。

对于After Effects中的非矢量图层或者导入的素材，将这些图层缩放属性

◎ ♦) ● 🔒	#	🏷	源名称	❄ ✦ \ fx 🔲 ◎ ◎ ⊕
◎	1	>	🖼 butterfly.png 合成 1	❄ /
◎	2	✓	🖼 butterfly.png 合成 1	❄ /

图5-57

的数值调大后，图层会变得模糊，失去原本的清晰度。打开图层塌陷开关可以还原图层原本的分辨率，如图5-58所示。

当图层被添加某些效果后，这些效果将会应用到图层本身。如果将图层缩放属性的数值调大，效果会随着图层的变大而应用到整个图层上，从而产生偏差。这时

打开塌陷开关前　　　　　打开塌陷开关后

图5-58

打开图层塌陷开关，可以还原效果的应用空间，使效果应用到整个合成上，不再随着图层放大或缩小而改变。图5-59所示为图层添加梯度渐变效果后，再将图层缩放属性的数值调大，打开塌陷开关前后的对比效果。

打开塌陷开关前　　　　　　　　　打开塌陷开关后

图5-59

> **提示** 效果的应用空间是指图层本身或者整个合成。无论是二维图层还是三维图层，在未调整图层变换属性参数前，都是与合成完全重合的。在改变图层某一个变换属性且未打开塌陷开关的情况下，效果就应用于图层本身，会跟随图层的放大而放大；而图层打开塌陷开关后，效果应用于整个合成上，不再跟随图层的放大而放大。

After Effects 在进行预览或者渲染时，会有默认的计算顺序。非矢量图层以蒙版、效果、变换及图层样式的顺序进行渲染。而矢量图层因为自带塌陷开关，所以以蒙版、变换、效果这样的顺序进行渲染。如果打开非矢量图层的塌陷开关，将会还原其图层顺序应用元素。例如为图层添加高斯模糊效果滤镜后，将图层缩放属性的数值调大，再打开塌陷开关，如图5-60所示。

> **提示** 图层顺序应用元素是指蒙版、效果、变换及图层样式。

正常添加　　　　　　　　　　　　　放大后　　　　　　　　　　　　打开塌陷开关

图5-60

当图层转换为预合成后，再将图层缩放属性的数值调小，原图层超出查看器面板显示范围的部分会被裁剪。将三维图层摆好空间位置，再转换为预合成后，原三维图层超出查看器面板显示范围的部分也会被裁剪。如果打开图层的塌陷开关，将会还原合成内图层的大小，如图5-61所示。

打开塌陷开关前　　　　　　　　　　　　　　　　　　　　打开塌陷开关后

图5-61

制作动画时，部分效果或者素材由于应用了图层混合模式因此会被过滤掉原本的颜色，但该图层一旦转换为预合成后，图层混合模式就会失去作用。如果打开该图层的塌陷开关，将会还原图层混合模式的作用效果，如图5-62所示。

图5-62

第5节 综合案例——转动的照片

本节将通过案例对所学的知识进行实践操作。本案例将相框和图片整合为一个整体，以便更快速地实现动画，最终效果如图5-63所示。

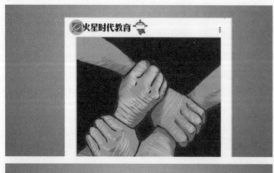

图5-63

■ 步骤01 基础制作

在项目面板空白处单击鼠标右键，执行"文件－导入"命令导入本案例所有素材。

按快捷键Ctrl+N，新建尺寸为"1280×720"、时长为10秒的合成，并命名为"转动的照片"。

在项目面板中选中"框"和"手"图层，并将它们拖曳到时间面板中。然后将"框"图层放在"手"图层的上层，如图5-64所示。

在菜单栏中执行"图层－新建－文本"命令，并输入文字内容"8：00AM"。在字符面板中对文字细节进行调整，如图5-65所示。

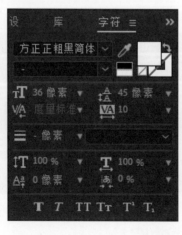

图5-64　　　　　　　　　　　　　　　　　　　　　　　　　　　图5-65

在时间轴面板中选中文字图层并复制一层，修改文字内容为"愿我们众志成城，早日战胜病毒"，如图5-66所示。

图5-66

在菜单栏中执行"图层-新建-纯色"命令创建一个纯色图层作为背景图层。在菜单栏中执行"效果-生成-梯度渐变"命令，并调整"梯度渐变"效果的参数、修改渐变的颜色，如图5-67所示。

图5-67

■ 步骤02 将图层整合成整体

在时间轴面板中选中除"中间色洋红色 纯色1"以外的其他图层，单击鼠标右键，执行"预合成"命令，并命名为"整体"，如图5-68所示。

■ 步骤03 制作第1部分动画

在查看器面板中选中"整体"图层，使用中心点工具将图层中心点到图层下方，如图5-69所示。

将时间指示器拖曳到第0帧，将缩放属性参数调整为"180.0，180.0"并添加关键帧；再将位置属性参数调整为"652.0，1255.0"并添加关键帧，将图层放大且移动到合适位置，效果如图5-70所示。

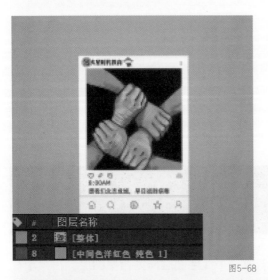

图5-68

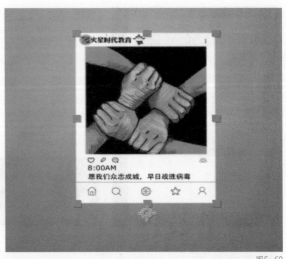

图5-69

图5-70

选中"整体"图层，打开其塌陷开关，使图层的清晰度得到还原。如图5-71所示。

✓	2	▣ [整体]	🕮 ✿	◎ 无	✓

图5-71

　　将时间指示器拖曳到第11秒，并调整缩放属性参数为"37.0，37.0%"，将位置属性参数调整为"640.0，373.0"，将图层缩小且移动到画面上方，效果如图5-72所示。

　　将时间指示器拖曳到第1秒，选中"整体"图层，将其旋转属性参数调整为"0°"，并单击位置属性左侧的码表添加关键帧。再将时间指示器拖曳到第2秒11帧，将旋转属性参数调整为"360°"对图层进行旋转，效果如图5-73所示。

图5-72 图5-73

　　选中"整体"图层，复制一层，并修改图层标签颜色为"青色"，按快捷键Alt+［裁切图层入点到旋转属性的前面关键帧时间点；再按快捷键Alt+］裁切图层出点到旋转属性的后面关键帧时间点，如图5-74所示。

图5-74

　　选中图层标签颜色为青色的"整体"图层，并复制3层。然后选中4个青色"整体"图层，在时间轴面板中以每个图层间隔3帧的距离进行排列，形成错帧动画，如图5-75所示。

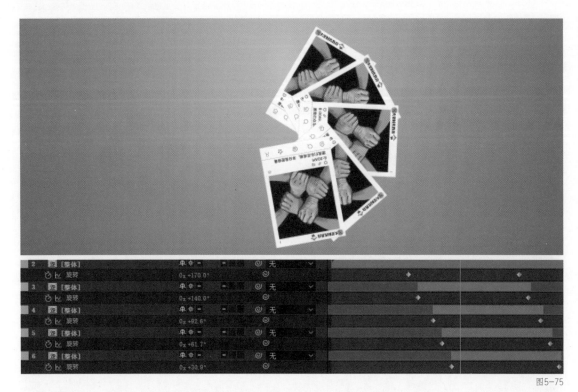

图5-75

再将5个"整体"图层按照不透明度属性数值每个图层减小"20"、从上往下进行排列，如图5-76所示。

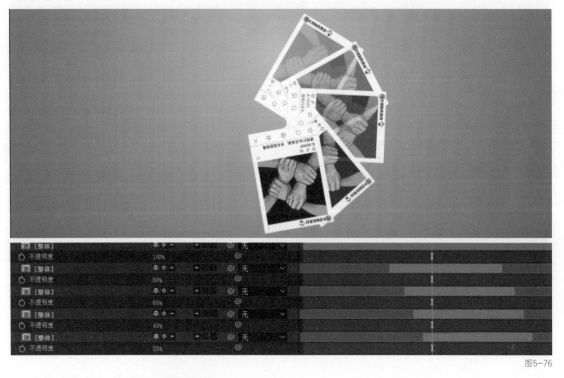

图5-76

■ 步骤04　制作第2部分动画

选中"整体"图层，将时间指示器指针拖曳到第3秒10帧，再分别单击缩放属性和位置属性左侧的码表添加空白关键帧，如图5-77所示。

图5-77

再将时间指示器指针拖曳到第4秒09帧，将缩放属性参数调整为"78.0，78.0%"，将位置属性参数调整为"628.0 585.0"，图层放大并移动到中间位置，如图5-78所示。

图5-78

■ **步骤05 制作第3部分动画**

双击"整体"图层进入"整体"合成，按快捷键Shift+Ctrl+D将两个文字图层的出点裁剪至第3秒18帧，如图5-79所示。

图5-79

并对断开的另外两个文字图层进行内容的调整，将文字内容"8：00AM"调整为"疫情期间"，将其字号调整为"23"；再将另一个文字内容"愿我们众志成城，早日战胜病毒"调整为"疫情期间，火星网校海量课程等你来"，将其字号调整为"29"，效果如图5-80所示。

在项目面板选中"1""2""3""4""5""6""7"图层，并将它们拖曳到时间轴面板中，放到"手"图层下层并按照数字顺序排列，如图5-81所示。

选中"手"图层，将时间指示器拖曳到第3秒18帧，按快捷键Alt+］裁切图层，将图层出点调整为第3秒18帧，对画面内容进行切换，如图5-82所示。

图5-80

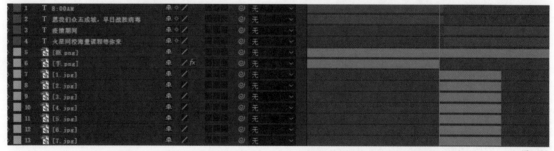

图5-81

图5-82

选中"1""2""3""4""5""6""7"图层，将时间指示器拖曳到第3秒18帧，按快捷键Alt+ [裁切图层，将图层入点调整为第3秒18帧；将时间指示器拖曳到第4秒05帧，按快捷键Alt+] 裁切图层，将图层出点调整为第4秒05帧，如图5-83所示。

图5-83

选中"1""2""3""4""5""6""7"图层，将每个图层在时间轴面板中按间隔12帧进行排列，形成错帧动画，如图5-84所示。

选中"1""2""3""4""5""6""7"图层，分别调整图层的缩放属性参数和位置属性参数，调整好图层的位置和大小，如图5-85所示。

选中"1""2""3""4""5""6""7"图层，单击鼠标右键，执行"预合成"命令，在预合成对话框将合成命名为"海报动态切换"。然后根据"框"图层的显示区域在预合成上使用矩形工具绘制蒙版，如图5-86所示。

图5-84 图5-85

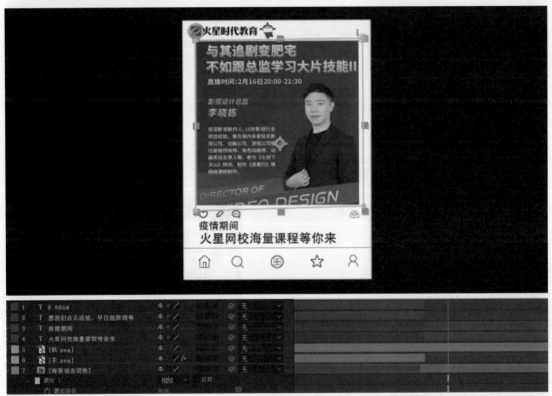

图5-86

■ 步骤06 制作第4部分动画

按快捷键Tab从"海报动态切换"合成切换到"转动的照片"合成。

新建黑色图层，使用椭圆工具在图层上绘制蒙版；然后将时间指示器拖曳到第3秒18帧，将不透明度属性参数调整为"0%"，并单击不透明度属性左侧的码表添加关键帧；再将时间指示器拖曳到第4秒15帧，将不透明度属性参数调整为"25%"，制作投影动画，效果如图5-87所示。

图5-87

在菜单栏中执行"图层-新建-文本"命令，输入文字内容"火星时代 你的首选项"，并在字符面板中调整文字细节，如图5-88所示。

图5-88

将时间指示器拖曳到第4秒23帧，将不透明度属性参数调整为"0%"，并单击不透明度属性左侧的码表添加关键帧；再将时间指示器拖曳到第5秒18帧，将不透明度属性参数调整为"100%"，文字出场动画效果如图5-89所示。

图5-89

在项目面板中选中"背景音乐"，并将其拖曳到时间轴面板中。

至此，本节已讲解完毕。请扫描图5-90所示二维码观看本案例详细操作视频。

图5-90

本课练习题

选择题

（1）预合成的快捷键是（　　　）。

A. Shift+Ctrl+C

B. Shift+Ctrl+Alt+C

C. Ctrl+C

D. Ctrl+V

（2）塌陷开关的作用是（　　　）。

A. 还原图层分辨率

B. 还原图层位移

C. 还原图层颜色

D. 还原图层不透明度

（3）预合成对话框中有几个选项？（　　　）

A. 1个

B. 2个

C. 3个

D. 4个

（4）如何复制预合成才不会因为修改新合成而改变原合成？（　　　）

A. 在时间轴面板中复制

B. 在项目面板中复制

C. 对合成内的图层进行剪切

D. 从合成内复制图层再粘贴到时间轴面板中

参考答案:（1）A （2）A （3）B （4）B

第 **6** 课

形状图层

在当今的CG领域中，Adobe系列软件在图形设计方面，尤其是在2D图形设计方面表现出了非常强大的实力，而且其通过更新迭代不断强化自身的功能。After Effects在制作传统位图类动画方面的实力一直得到行业的认可，但在矢量图形的处理上却有所欠缺。如果要在After Effects中编辑一些矢量图形元素，就必须依靠Illustrator这样的矢量软件来辅助。但是，自从After Effects引入了形状图层的概念，并在其中添加了很多专有效果后，After Effects在制作矢量图形动画方面的能力得到了极大的提升。

本课将讲解After Effects中形状图层的创建、编辑等基本功能和相应的使用技巧，使读者能够使用形状图层这一矢量图形工具制作出基础的矢量图形动画作品。

本课知识要点

◆ 认识形状图层

◆ 创建形状图层

◆ 形状图层的基本属性

◆ 形状图层效果1布尔运算

◆ 形状图层效果2修剪路径

第1节　认识形状图层

形状图层因为其方便易用、功能强大的特点，在图形动画制作领域中应用得非常广泛。从功能上来讲，形状图层既有矢量图形的绝大部分特性，又兼具常规矢量图形所不具备的动画功能，是图形动画设计师工作中不可或缺的制作工具。图6-1～图6-3所示的作品都是使用形状图层制作完成的。

图6-1

图6-2

图6-3

知识点 1　矢量图和位图

在讲解形状图层之前，先讲解一下矢量图和位图的区别。

位图又叫点阵图或像素图。像素是位图中最小的图形单元，常用来表现位图中丰富细腻的细节。位图图像的主要优点在于表现力强、内容细腻、层次多和细节多。但是缺点也很明显，即放大后会出现失真的情况。

位图的应用领域很广泛，日常生活中所拍摄的照片就属于位图。位图的制作和修改主要依靠位图软件来完成，如Photoshop等。

矢量图又叫向量图，是用一系列计算机指令来描述和记录的图像。它所记录的是对象的几何形状、线条粗细和色彩，并不需要通过像素来表达细节，所以矢量图即使放大也不会失真。After Effects中属于矢量图形元素的主要有蒙版路径、形状和文本。

图6-4所示是位图和矢量图局部放大后的效果差异。

图6-4

矢量图通常用于标志设计、字体设计和精美的图形设计，需要使用专门的矢量软件来绘制，如Illustrator等。

After Effects中的形状图层相当于将Illustrator中的矢量图形功能移植到After Effects

之中，并且增添了更多的动画功能。读者可以简单地把形状图层的功能理解为"会动"的Illustrator。

知识点 2 形状图层和蒙版图层

在After Effects中，矢量工具除了可以用于绘制形状图层外，还可以用于绘制蒙版，所以在应用时容易产生混淆。

形状图层和蒙版图层的主要区别如下。

（1）蒙版一般绘制在其他图层（如纯色图层）上，从而形成蒙版图层。而形状图层不需要依赖其他图层可以独自创建。

（2）形状图层是完全意义上的矢量图层，而蒙版图层的性质由它所在的图层决定。

（3）蒙版有遮挡画面的功能，创建封闭的蒙版路径可以使画面的某一部分消失或显示，而形状图层则没有此功能。

（4）形状图层没有明确的大小概念，其大小取决于所绘制图形的大小，而蒙版图层通常是基于其他图层建立的，其大小取决于该图层的大小。

（5）形状图层具有非常多的矢量图形动画功能，而蒙版图层只有少量的图形动画功能。

第2节 创建形状图层

要学习形状图层的使用方法，先要了解形状图层的创建方法。

知识点 1 创建方法

在After Effects中，形状图层的创建方法主要有以下3种。

（1）使用图形工具在空白的查看器面板中直接进行绘制，就可以自动创建出一个新的形状图层，如图6-5所示。

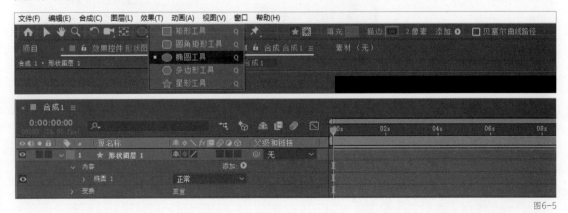

图6-5

（2）在菜单栏中执行"图层-新建-形状图层"命令，创建一个新的形状图层，如图6-6所示。然后选中该图层并使用图形绘制工具在查看器面板中绘制图形，即可完成形状图层的绘制。

图6-6

> **提示** 以上两种创建方法最主要的区别是在新创建的空白形状图层上绘制时，可以利用空白形状图层所提供的中心点将图形绘制在画面的中心。而在查看器面板中直接绘制时，因为没有中心点的参考，所以绘制出来的图形的位置可能不够准确。

（3）新建一个空白的形状图层之后，展开形状图层，执行"内容-添加"命令，在弹出的"添加"下拉菜单中选择所需图形进行创建，如图6-7所示。这种方法的优势在于所创建的图形会准确地停留在形状图层的中心。缺点是创建出来的形状只是一个基础的矢量路径，并没有相应的填充、描边等效果及基本运动属性，需要手动进行添加。

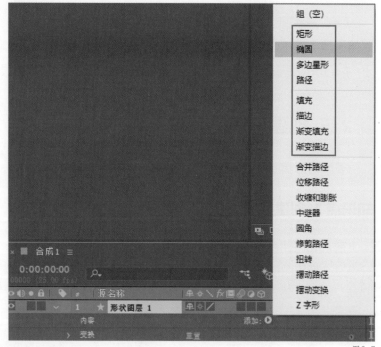

图6-7

知识点2 创建工具

在After Effects的工具栏中，有关形状图层的创建工具主要有两类，即参数化图形工具和自由绘制工具。

1. 参数化图形工具

参数化图形工具就是After Effects提供的一些常用标准图形工具，其中设置了基本参数供用户调整使用。参数化图形工具为图形绘制提供了标准化方案，可以用来绘制各种标准化的基础图形，如图6-8所示。

图6-8

　　参数化图形工具主要分为3类：矩形类、圆形类和多边形类。其中矩形类工具包括矩形和圆角矩形两种工具，椭圆类工具只有椭圆工具，多边形类工具包括多边形和星形两种工具。

> **提示** 将它们分为3个类别是因为每个类别中的工具的基本参数都是相似的。

2. 自由绘制工具

　　自由绘制工具是指工具栏中的钢笔工具。当需要绘制一些非标准图形的时候，需要借助钢笔工具进行手动绘制，如图6-9所示。

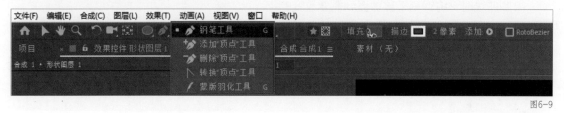

图6-9

知识点 3　创建工具的使用技巧

　　下面介绍以下两类工具的使用技巧。

1. 参数化图形工具的使用技巧

　　参数化图形工具可以用于绘制矩形、椭圆和多边星形3类图形，绘制时可以配合快捷键来控制图形的外观。

　　（1）按住快捷键Shift+Ctrl的同时拖曳鼠标左键，可以绘制居中的圆形和正方形。

　　（2）绘制圆角矩形时，在不松开鼠标左键的情况下按↑或↓方向键可以增大或减小圆角半径。

　　（3）绘制多边形和星形时，按↑和↓方向键可以控制边数和点数，按←和→方向键可以控制内、外角的圆度，按住Ctrl键并拖曳鼠标左键可以改变外角半径。

2. 钢笔工具的使用技巧

　　在After Effects中使用钢笔工具绘制图形的方法与在Photoshop和Illustrator中使用钢笔工具绘制图形的方法非常相似。钢笔工具所绘制的矢量图形主要是贝塞尔曲线（又称贝兹曲线）。在绘制时，如果想控制好曲线上的锚点及锚点两侧的手柄，就需要在绘制时及时切换不同的绘制工具。按不同快捷键可以实现不同绘制工具之间的切换。

这里重点介绍两个工具。

（1）转换顶点工具，如图6-10所示，主要用于调整、控制贝塞尔曲线中的手柄。

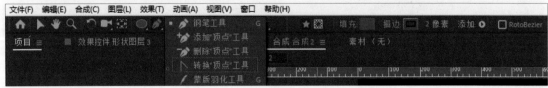

图6-10

按住Alt键将钢笔工具放置到手柄的一端，钢笔工具会自动转换成转换顶点工具，以便控制该侧手柄的长度和方向，进而方便调整整个曲线的形态，如图6-11所示。

（2）选择工具，如图6-12所示，主要用于选择图形中的锚点并对其进行编辑。

绘制曲线时，将钢笔工具放置到需要改变的锚点上，钢笔工具会自动识别锚点并转换成黑色的箭头（即选择工具）。选择工具用来改变该锚点位置，如图6-13所示。

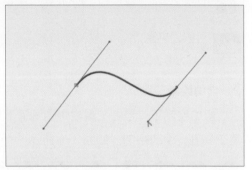

图6-11

图6-12

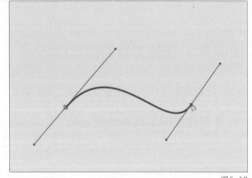

图6-13

第3节　形状图层的基本属性

图形绘制完成后，如果需要进一步改变其外观，就要先了解形状图层的基本属性。本节以一个矩形为例来说明形状图层中的基本属性及其用法。

新建合成，使用矩形工具在查看器面板中绘制一个矩形，如图6-14所示。

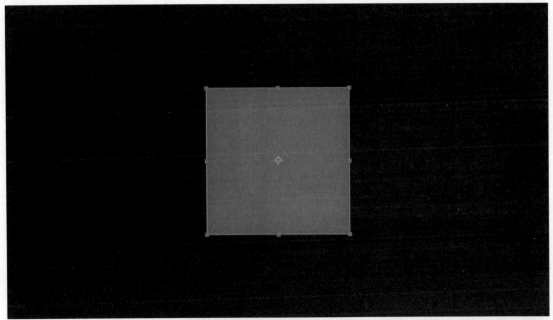

图6-14

选中"形状图层1"，单击其左侧的三角箭头，再依次展开"内容－矩形1"，如图6-15所示。"矩形1"中包含了矩形路径、描边、填充和变换4个属性组。下面对各属性组分别加以讲解。

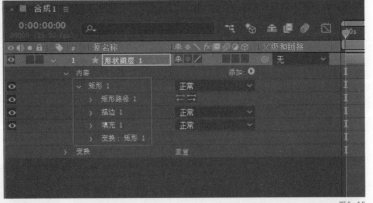

图6-15

知识点1 路径属性组

图6-16所示为矩形的路径属性组，其中包括了矩形的基础参数，即矩形的大小、位置和圆度（圆角半径）。大小指的是矩形的长宽尺寸，如果将其约束比例开关 🔗 关掉，可以进行非等比缩放。

位置属性用来控制所绘制矩形在查看器面板中的

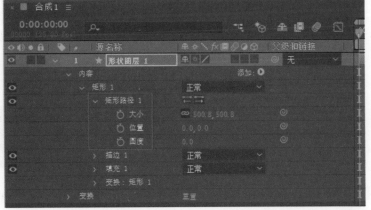

图6-16

位置。圆度用来控制矩形的圆角半径大小，如果将其调大，矩形就会变成圆角矩形，效果如图6-17所示。

图6-17

知识点 2　描边属性组

描边属性组相对复杂，展开"描边1"属性组，描边属性组中包含描边的颜色、不透明度及描边宽度属性，调整这些属性可以对描边的外观进行修改。下面是线段端点、线段连接两个选项组，如图6-18所示。

图6-18

用钢笔工具绘制出一条直线，并选中产生的"形状图层1"，按快捷键Ctrl+D 2次，复制出2个图层。展开每个图层的"内容-形状-变换形状"，找到位置属性，调整位置属性将3条线并排排列，如图6-19所示。

图6-19

展开每个图层描边属性组中的线段端点选项组，将描边的端点类型依次改为"平头端点""圆头端点""矩形端点"，效果如图6-20所示。

提示　"矩形端点"和"平头端点"的形状是一样的，但"矩形端点"比"平头端点"要长。

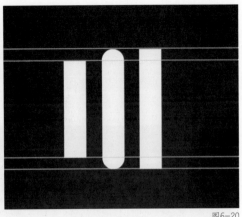

图6-20

线段连接选项组用于设定路径在转折处的线段连接方式。在合成中绘制一条折线，并按快捷键Ctrl+D 2次，复制出2个图层，展开每个图层"内容–形状–变换形状"，找到位置属性，调整位置属性使3条线依次排开。展开"描边–线段端点"选项组，将3个图层分别设定为"斜接连接""圆角连接""斜面连接"，效果如图6-21所示。

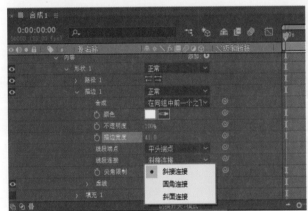

图6-21

描边属性组最下方是描边的虚线设置。重新绘制一条路径，依次展开"内容–形状–描边–虚线"，然后单击"+"按钮，就可以将实线描边改为虚线描边，如图6-22所示。此时虚线属性组下方会多出虚线和偏移两个属性，描边也变成虚线类的外观。

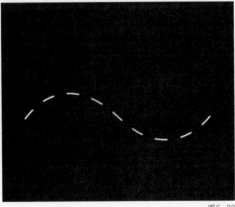

图6-22

图6-23所示的虚线属性中包括了虚线长度和间隙的参数，偏移属性用来控制虚线位置的变化。如果需要虚线产生更多的变化，再次单击"+"按钮，会产生单独的虚线长度和间隙属性，调整相应数值可以让虚线长度和间隙不同；继续单击"+"按钮添加新的虚线长度和间隙属性。调整这些属性可以让不同风格的虚线组合在一起，形成更复杂的虚线效果，如图6-23所示。

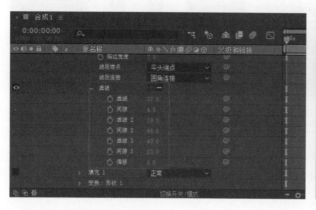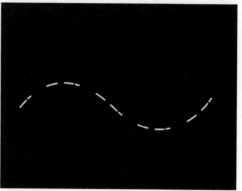

图6-23

知识点 3　填充属性组

描边属性组的下面是填充属性组。填充属性组中主要包括了填充颜色和填充不透明度两个属性，如图6-24所示。

知识点 4　变换属性组

在合成中绘制一个矩形，选中产生的形状图层。展开"内容-矩形1-变换：矩形1"，"变换：矩形1"是所绘制图形的基本运动选项，其中包含了图形的锚点、位置、比例、倾斜、倾斜轴、旋转和不透明度等属性，可以用来实现所绘图形的基本变换功能，如图6-25所示。

图6-24　　　　　　　　　　　　　　　　　　图6-25

以上就是形状图层的4个基本属性组的介绍，这4个属性组使得形状图层拥有了最基础的动画功能。

但是要想在形状图层中制作出更复杂的效果，还需要为形状图层添加专有效果。

第4节 形状图层效果1布尔运算

形状图层的添加选项中，最下面一栏内容是形状图层的专有效果。下面将对一些常用的形状图层效果进行讲解。

首先讲解形状图层的布尔运算效果。

所谓形状图层的布尔运算，就是在同一形状图层中对所绘制的多个图形进行相加、相减、交集或差集的运算。这些运算可以将After Effects中所提供的基础图形变成更复杂的图形。

在同一个形状图层中创建两个或者两个以上的图形，选中形状图层，执行"内容-添加-合并路径"命令，如图6-26所示。

> **提示** 需要注意的是合并路径效果一定要添加在所有需要计算的图形的下层，因为它将对其上层的图形进行计算。

合并路径中共有5种图形运算模式，即合并、相加、相减、交集和排除交集，如图6-27所示。其中合并模式是将所有路径合并成一个复合路径，制作时可以根据需要选择不同的运算模式。

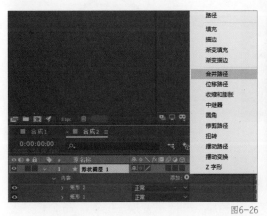

图6-26

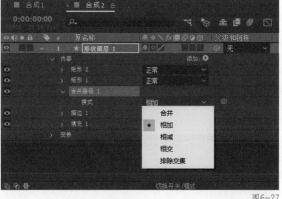

图6-27

下面通过一个实例来演示如何通过形状图层的布尔运算和虚线功能，制作出图6-28所示的漂亮的矢量图标。

观察图6-28，可以看到这个图标主要由两朵云和一个地图定位图标构成。

思路分析：云的形状由3个圆形相加而成，地图定位图标可以通过圆形的复制和修改得到，描边的特殊风格可以使用形状图层的虚线描边效果处理。

图6-28

■ **步骤 01　新建合成**

在 After Effects 中新建一个合成，将尺寸设置为"1280×720"，如图6-29所示。

■ **步骤 02　制作云朵**

按住 Shift 键，在合成的查看器面板中使用椭圆工具拖曳绘制出3个圆形，调整圆形的大小和位置，并将它们的外观修改为蓝色填充和黑色描边，效果如图6-30所示。

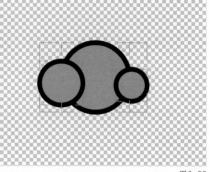

图6-29　　　　　　　　　　　　　　　　　　　　　　　　　　图6-30

执行"内容-添加-合并路径"命令，为图层添加合并路径效果。选择"相加"模式，将3个圆形合成一朵云，如图6-31所示。

图6-31

■ **步骤 03　复制云朵**

选中组成云朵的所有元素，按快捷键 Ctrl+G 将其编组，并命名为"云1"，然后按快捷键 Ctrl+D 复制"云1"组，得到"云2"组。展开"云2"组，执行"变换-位置"命令和"变换-比例"命令，改变"云2"组的位置和大小并将其移动到另外一侧，完成两朵云的制作，如图6-32所示。

■ **步骤 04　制作地图定位图标**

在查看器面板中再次绘制一个圆，选中"椭圆1"，按快捷键 Ctrl+D 复制得到"椭圆2"，执行"椭圆2-椭圆路径1-大小"命令，将复制出来的圆缩小到图6-33所示的效果。

图6-32

图6-33

展开"椭圆1",选中"椭圆路径1",单击鼠标右键,执行"转换为贝塞尔曲线路径"命令,将圆形转换为可编辑路径,如图6-34所示。展开得到的"路径1",选择下方的路径属性,然后选中圆上的点并向下拖曳至合适位置。再切换成钢笔工具,按住Alt键并单击锚点,删除该锚点两侧的手柄使锚点所在角变成尖角。同时选中"椭圆1"和"椭圆2"并编组,得到"组1",效果如图6-35所示。

图6-34　　　　　　　　　　　　　　　　　　　图6-35

■ **步骤05 修改外观**

选中"组1",按快捷键Ctrl+D进行复制一份得到"组2"。关闭"组1"的填充显示;将"组2"的填充颜色改成黄色,同时关闭其描边显示。执行"组2-变换-位置"命令,改变位

119

置属性的值使"组2"和"组1"的位置错开，效
果如图6-36所示。

　　再次选中"组1"，执行"组1-描边-虚
线"命令，单击"+"按钮将描边状态改成虚
线，同时将描边的线段端点改为"圆头端点"。
再次单击"+"按钮添加新的描边长度和间隙
控制，调整描边长度值、间隙值及偏移值如
图6-37所示。选中之前复制得到的"椭圆2"
（内部的小圆）并关闭其填充显示，同时把"椭
圆2"的描边也改成虚线。调整描边长度和间隙
的数值，使得描边呈有缺口状，效果如图6-38
所示。

图6-36

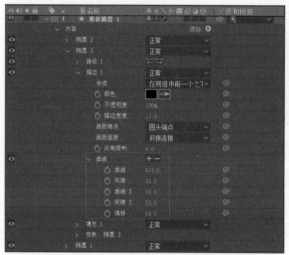

图6-37

图6-38

■ 步骤06 最终修饰

　　选中"组1"和"组2"，按快捷键Ctrl+G进行编组，并命名为"地图定位图标"。调整地
图定位图标和云的顺序，让地图定位图标位于两朵云之间。最后按快捷键Ctrl+Y创建白色图
层作为背景，完成整个图标的绘制。最终效果如图6-39所示。

　　在本案例中，要利用形状图层的基本功能绘制基础图形，通过合并路径对图形进行计算，
得到更复杂的图形；还要利用路径描边的虚线功能，实现描边的缺口效果。可以看出，形状
图层在图形绘制方面的功能是非常灵活和方便使用的。

　　至此，本节已讲解完毕。请扫描图6-40所示二维码观看视频进行知识回顾。

图6-39　　　　　　　　　　　　图6-40

第5节　形状图层效果2修剪路径

形状图层的路径描边功能除了可以调整描边的宽度、颜色、端点形状、虚线等多种属性外，还可以添加修剪路径效果来控制描边的长度，并制作出描边的生长动画效果。

首先在合成中绘制一条路径，然后选中"形状图层1"，执行"内容-添加-修剪路径"命令，如图6-41所示。

展开"修剪路径1"，可以看到主要有3个参数，分别是开始、结束和偏移，如图6-42所示。开始是指描边起点的位置占整个路径长度的比例，结束是指描边的结束位置占整个路径长度的比例，偏移是指描边在整个路径上所处的位置。

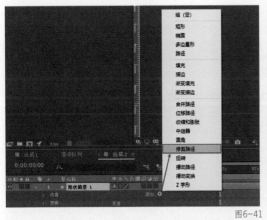

图6-41　　　　　　　　　　　　图6-42

调整开始值会看见描边的起点位置发生变化，调整结束值会看到描边的终点会发生变化。调整偏移值可以使描边整体产生移动效果，如图6-43所示。

下面通过一个案例对修剪路径的动画功能做进一步的演示，案例效果如图6-44所示。

在这个案例中，不同颜色的线条沿着不同的轨迹运动，该案例还进行了错帧动画的处理。

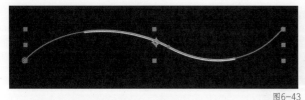

图6-43

图6-44

■ 步骤01 绘制一条路径

在合成的查看器面板中绘制一条路径。按快捷键Ctrl+R打开标尺，从左侧标尺上拖曳出两条参考线，方便规范路径的开始长度。按住Shift键，确保绘制的开始路线是水平的，还要拖长每个锚点的手柄使得路径看起来更加平滑。将路径中间部分绘制成起伏不平的形状，到最后再转成水平的线。

整个路径的跨度要超过路径所在合成的窗口，修改描边的宽度和颜色使它看起来更加美观，如图6-45所示。

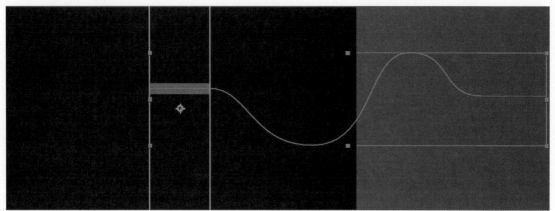

图6-45

■ 步骤02 制作路径动画

选中路径所在图层，执行"添加-修剪路径"命令为路径添加修剪路径效果。减小修剪路径的结束值来缩短路径描边的长度，让描边末端刚好对齐右侧参考线。为描边效果的开始和结束属性都添加关键帧，然后执行"变换-位置"命令，并为图层的位置属性添加关键帧，如图6-46所示。

将时间指示器拖曳到第2秒处，将结

图6-46

束值改为"100%"，此时路径长度已经超过合成窗口的范围。移动图层位置，使得路径的末端也刚好对齐右侧参考线，同时也使图层产生位移动画。这样就可以始终在查看器面板中看到路径生长的过程，如图6-47所示。

图6-47

进一步调整修剪路径的开始值，使描边的开始端刚好对齐左侧参考线，从而实现路径的生长动画。在第1秒处对修剪路径的开始、结束值进行调整，使得路径运动到中间时描边效果可以更长一些，整个过程也可以更有变化，如图6-48所示。

■ 步骤03 制作多条路径

选中绘制路径时产生的"形状1"，按快捷键Ctrl+D复制得到"形状2"。选中"形状2"路径开始处的锚点并调整其位置，使新路径和原路径整齐地排列。进一步调整路径中间的起伏程度，继续复制路径，并修改新路径的形状和颜色，使描边效果更加多样，如图6-49所示。

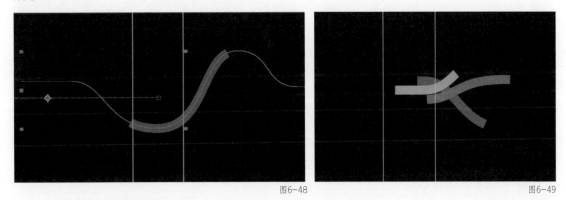

图6-48   图6-49

■ 步骤04 调整动画

按快捷键U展开所有的关键帧动画属性，拖曳每条路径的生长动画关键帧，使其在时间轴面板中错位排列，形成错帧动画效果。

再进一步微调每个修剪路径的开始和结束值，使路径在动画开始和动画结束时描边的长度更加整齐。最后，按快捷键Ctrl+Y创建一个黄色图层作为背景，效果如图6-50所示，全部动画完成。

在本案例中，使用了形状图层中的修剪路径效果来完成路径的生长动画，这在After Effects中是最主要的控制描边长度的方法，在后续的案例中会经常使用这个方法。

至此，本节已讲解完毕。请扫描图6-51所示二维码观看视频进行知识回顾。

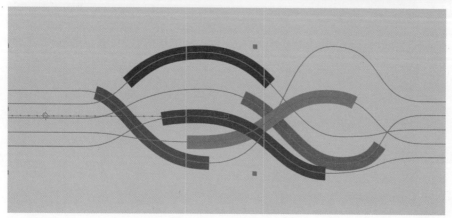

图6-50　　　　　　　　　　　　　　　　　　　　　　图6-51

第6节　综合案例——心跳的感觉

本节为综合案例，旨在将形状图层的修剪路径和合并路径功能相结合，完成图形转换的动画效果。

本案例的目标是制作一个心形和心电图形状相互转换的动画，如图6-52所示。此案例将利用合并路径功能进行复杂形状的制作，利用修剪路径功能将不同图形的动画连接在一起。

图6-52

■ 步骤01　创建合成及背景

首先在After Effects中新建合成，将合成的尺寸设置为"1280×720"，如图6-53所示。然后按快捷键Ctrl+Y创建一个纯色图层作为背景图层，并将其颜色设为玫红色，如图6-54所示。

■ 步骤02　创建心形

在合成中新建一个空的形状图层。展开该形状图层，执行"内容-添加"命令，再先后添加矩形和椭圆。默认状态下，得到的正方形和圆形刚好相切。按快捷键Ctrl+D复制一个圆形，将两个圆形分别向右和向上移动50像素，此时两个圆形的圆心刚好分别穿过正方形的两条边，如图6-55所示。执行"添加-描边"命令，为绘制好的图形添加描边效果。此时3个图形是各自独立的，执行"添加-合并路径"命令，将3个图形合并成一个心形。

图6-53

图6-54

将所有图形选中并编组，命名组为"心"。然后执行"心－变换－旋转"命令，将"心"组的旋转角度改为"-45°"可将心形摆正，得到的心形如图6-56所示。

图6-55

图6-56

■ **步骤03 绘制心电图**

选择钢笔工具，手动绘制心电图路径。将该路径描边的线段端点改为"圆头端点"，将线段连接改为"圆角连接"，使心电图更加美观，如图6-57所示。

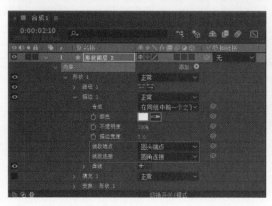

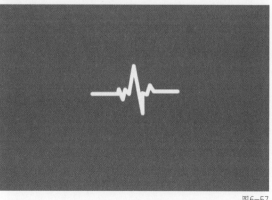

图6-57

■ 步骤04　设定动画

选中"心"组，执行"添加－修剪路径"命令，为整个组添加修剪路径效果，在第0帧处将修剪路径的结束值设为"100%"并添加关键帧，然后在第2秒处将修剪路径的结束值改为"0%"，同时调整修剪路径的偏移值。将心形描边的打开位置调整至刚好位于心电图的左侧端点处，将心形描边的线段端点同样设为"圆头端点"，将心形描边的线段连接设为"圆角连接"，如图6-58所示。

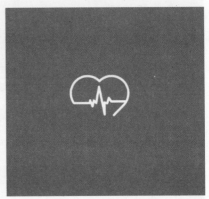

图6-58

■ 步骤05　图形转换

选中心电图所在的"形状图层2"，执行"添加－修剪路径"命令，添加修剪路径效果。在第0帧处将修剪路径的结束值调为"0%"并添加关键帧。在第2秒处将结束值修改为"100%"，完成心电图的生长动画。进一步调整心形和心电图的关键帧位置，使其完全对齐。至此，从心形到心电图的转换动画完成，如图6-59所示。

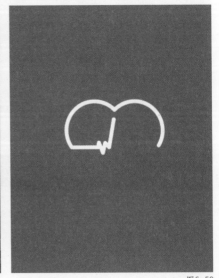

图6-59

■ 步骤06　再次转换

选中心形所在的"形状图层1"，按快捷键Ctrl+D复制得到"形状图层3"，展开该图层属性，单击修剪路径结束属性左侧的码表图标 ，取消原有动画。然后在第2秒处将开始值设为"100%"并添加关键帧，在6秒处将开始值设为"0%"，完成心形的生长动画。

选中心电图所在的"形状图层2"，在第2秒处将心电图修剪路径属性的开始值调为"0%"并添加关键帧，在第6秒处将开始值设为"100%"，完成心电图缩短直至消失的动画。至此，从心电图到心形的再次转换完成，如图6-60所示。

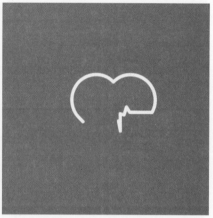

图6-60

■ 步骤07 修饰完成

按快捷键U展开心电图和心形所在图层的所有关键帧，将关键帧的位置仔细对齐。在时间轴面板中框选后半部分动画的关键帧并向后拖曳，使其错后一段时间，从而使得整个动画过程中间略有停顿，看起来更加具有节奏感，如图6-61所示。至此，整个动画制作完成。

图6-61

至此，本节已讲解完毕。请扫描图6-62所示二维码观看本案例详细操作视频。

这个案例利用了形状图层的合并路径所提供的计算功能来创建心形，还利用修剪路径功能对心形和心电图动画进行交替，完成了两次图形转换。通过这个案例，读者可以看到After Effects的形状图层在处理图形形状及路径动画方面的强大功能。

图6-62

本课练习题

1. 选择题

（1）创建形状图层有几种常用的方法？（　　）。

A. 1种　　　　　　B. 2种　　　　　　C. 3种　　　　　　D. 4种

（2）如果要改变五角星的外角圆度，下列哪些方法是正确的（多选）？（　　）。

A. 绘制时单击→方向键

B. 绘制时单击←方向键

C. 绘制时单击↑方向键

D. 绘制完成后改变星形路径属性中的外角圆度值

（3）如果在After Effects中想要制作一个圆形形状图层，下列哪些方法是正确的（多选）？（　　）。

A. 新建一个纯色图层，然后在纯色图层进行画圆

B. 新建一个形状图层，然后在形状图层进行画圆

C. 不创建任何层直接画圆

D. 新建纯色图层，但是不选择纯色图层而直接画圆

（4）如果要在形状图层中让一个元素产生自身的位移动画，应该用以下哪种方法？（　　）。

A. 选择图层直接拖曳

B. 选择图层变换属性中的位置属性，改变该属性值

C. 选择图形的变换属性中的位移属性，改变该属性值

D. 选择图形的路径属性中的位置属性，改变该属性值

参考答案:（1）A（2）A、B、D（3）B、C、D（4）D

2. 操作题

（1）利用形状图层功能完成图6-63所示的效果。

> **操作要点提示** 利用形状图层描边的虚线和圆头端点功能。

（2）利用形状图层功能完成图6-64所示的效果。

图6-63

图6-64

> **操作要点提示** 利用形状图层的圆角矩形和合并路径功能。

第 **7** 课

形状图层进阶

本课将对形状图层进行更加深入的讲解，内容将涵盖形状图层的所有重要功能。同时，本课还将通过对案例的讲解帮助初学者掌握形状图层中各种功能的组合使用技巧，进一步提升初学者的图形动画制作能力。

本课知识要点

◆ 形状图层的创建类和外观类

◆ 形状图层的位移路径

◆ 形状图层的变形类

◆ 形状图层的中继器

◆ 形状图层的摆动类

◆ 形状图层的效果使用逻辑

第1节 形状图层的创建类和外观类

形状图层的创建类功能是指在形状图层中，直接通过软件内置的基本图形创建出所需要的形状；形状图层的外观类功能是指通过软件内置的外观为创建的图形添加外观，如图7-1所示。

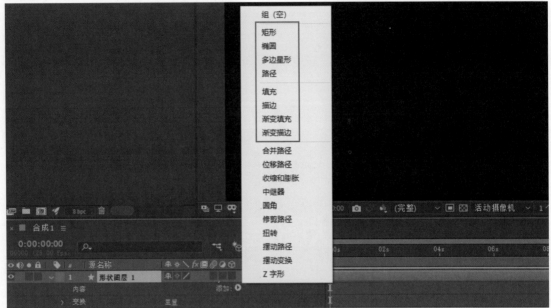

图7-1

知识点 1 创建类功能

创建类功能提供的图形主要有矩形、椭圆、多边星形和路径4种基本图形。如果需要创建这些图形，直接单击所需要的圆形就可以在形状图层中创建这些图形的初始状态。

下面分别讲解一下不同图形的主要参数。

1. 矩形

新建形状图层，执行"内容-添加-矩形"命令，形状图层的中心处会生成一个标准正方形。展开"内容-矩形路径1"，矩形路径中包含了大小、位置和圆度3项属性，如图7-2所示。

其中大小指的是矩形的尺寸，例如"100，100"代表矩形的长和宽各为100；位置参数"0，0"代表矩形的位置在图层的中心；圆度代表矩形的圆角大小，可以调整该属性的参数将直角矩形改成圆角矩形，如图7-3所示。

2. 椭圆

执行"内容-添加-椭圆"命令，展开"内容-椭圆路径1"，椭圆路径包含的属性相对比较简单，只有位置和大小，如图7-4所示。调整这些属性的参数可以改变椭圆图形的位置和大小，如图7-5所示。

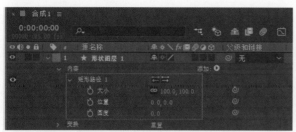

图7-2

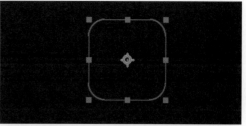

图7-3

图7-4

图7-5

3. 多边星形

多边星形包含多边形和星形两种图形。在创建图形之后，用户可以根据自己的需要选择不同的形状。

执行"内容–添加–多边星形"命令，After Effects将默认创建出一个五角星形状。如果选择"多边形"选项，则可以将五角星改为五边形，如图7-6所示。

多边星形路径包括多边星形的点数、位置、旋转、内径、外径、内圆度及外圆度等属性，如图7-7所示。

图7-6

图7-7

数量属性可以调整多边星形边数或点数，位置和旋转属性可以调整多边星形的位置和角度，内径和外径属性可以调整多边星形的形态，内圆度和外圆度属性可以使多边星形具有圆滑的外观，如图7-8所示。

4. 路径

路径是直接用钢笔工具绘制完成的图形，具体内容可参见第6课"形状图层"中的相关内容，这里就不再赘述了。

131

知识点 2 外观类功能

形状图层的"添加"下拉菜单中包括了"填充""描边""渐变填充""渐变描边"命令，如图7-9所示。这些功能可以为创建的图形添加丰富的外观效果，如图7-10和图7-11所示。

图7-8

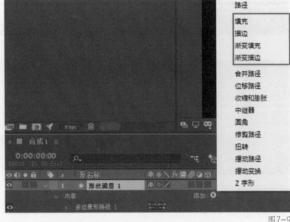

图7-9

图7-10

图7-11

第2节 形状图层的位移路径

位移路径可以使图形产生等距离的扩展和收缩效果，这和普通的等比缩放效果并不完全相同。当图形不是一个标准的正图形（如正方形、圆形等）时，位移路径可以实现完美的等距扩展和收缩效果。这个功能在制作动画时非常实用。

在查看器面板中绘制一个圆角矩形（非正图形），然后按快捷键Ctrl+D进行复制，展开"矩形路径1"，调整大小的数值对圆角矩形做等比缩放，如图7-12所示。新的圆角矩形在不同方向上缩放的宽度并不相同。这是因为原来的圆角矩形的宽和高并不相等，所以在等比例缩放时无法同时满足各边等距离缩放的要求，如图7-13所示。

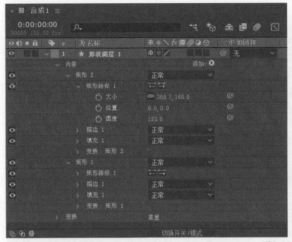

图7-12

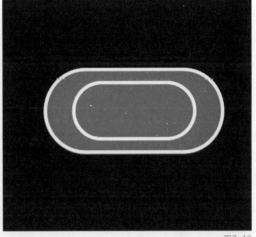

图7-13

如果想对圆角矩形添加位移路径效果，调整"位移路径1"的属性如图7-14所示，会得到一个和原图形各边等距离扩展或收缩的图形，从而保证两个图形之间的各处间距完全相同，如图7-15所示。

图7-14

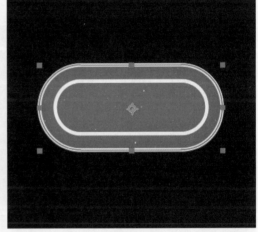

图7-15

第3节 形状图层的变形类

多边形的变形类功能包括收缩和膨胀、扭转和Z字形等效果。

1. 收缩和膨胀

收缩和膨胀是一种类似挤压和拉伸的变形效果。添加收缩和膨胀效果时，需要先在查看器面板中创建一个图形，然后执行"内容－添加－收缩和膨胀"命令。如果将数量的数值调成负值，意味着图形将会收缩，其每条边都会向内凹陷；如果将数量的数值调为正值，则图形产生膨胀效果，其每条边都会向外挤压变形。这个功能可用于制作一些简单的弹性效果，如图7-16所示。

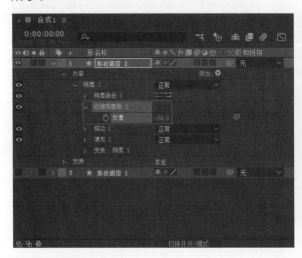

图7-16

2. 扭转

扭转也叫旋转扭曲，调整角度的数值可将图形扭曲成漩涡状，正、负值代表不同的旋转方向，如图7-17所示。

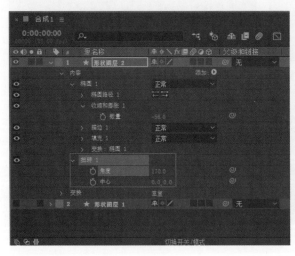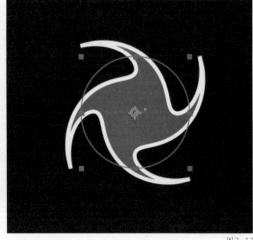

图7-17

3. Z字形

Z字形也叫锯齿状效果，可以使图形的边缘发生锯齿变形。调整大小和每段背脊的数值可以得到不同形态的锯齿效果，还可以在点右侧选择"平滑"形成波浪效果，如图7-18所示。

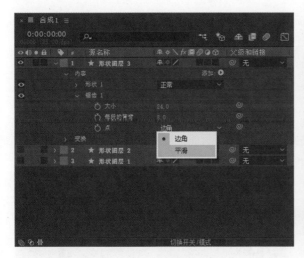
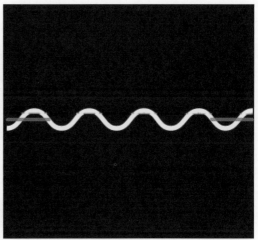

图7-18

第4节 形状图层的中继器

中继器的主要功能是复制图形，当需要多个相同或者相似的图形时，可以用中继器功能完成。

知识点 1 中继器的创建

创建中继器时，需要先在查看器面板中绘制一个图形，然后执行"内容-添加-中继器"命令。所选图形会按照中继器的默认参数进行复制，如图7-19所示。

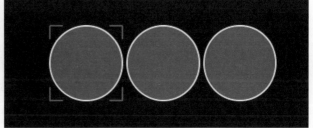

图7-19

知识点 2 中继器的基本参数

展开"中继器"会发现中继器主要包括副本和偏移两个属性。副本是指所复制的元素的数量，偏移是指所复制元素相对于初始位置的偏差。例如，复制了3个元素后，将偏移值改为"-1"，所有元素会整体向左移动一个位置，3个元素会排列在画面中间，如图7-20所示。

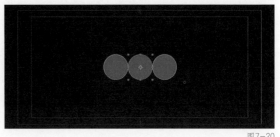

图7-20

变换中继器的子属性中还包括了锚点、位置、比例、旋转、起始点不透明度和结束点不透明度。

锚点是进行复制的中心点。位置是指图形每复制一次时在位置上产生的变化。例如，位置属性的初始值默认为"100.0，0.0"，这表示中继器在 x 轴方向上默认做了"100"像素的递增，即每复制一个元素，就会向右移动"100"像素。

比例是指每复制一个元素时在大小上产生的递增变化；同理，旋转是每复制一次时的角度递增；起始点不透明度和结束点不透明度是指所复制元素在不透明度上的递增和递减的变化，如图7-21所示。

图7-21

知识点 3　中继器的使用方法

当为一个图形添加中继器效果之后，会复制出很多个相同图形，同时也会得到不同的图形排列方式。常用的排列方式可以分为3类，下面讲解这3类排列方式的经典用法。

1. 线形和阵列复制

当为一个图形添加中继器效果之后，该图形会自动复制3份，并以直线方式进行排列。

默认情况下，复制的副本数量为"3"，增加副本数量可以得到更多的复制图形。在"中继器1-变换:中继器1-位置"属性中，x 轴的属性值为"100"，即每复制一次图形，在 x 轴方向上的位移都会递增"100"像素，所以会得到横向直线排列的多个图形。如果想要使画面整体居中，可以改变偏移值使图形重新排列在画面中央。例如将副本数量改为"11"，那么将偏移值设为"-5"后，所有复制的元素都会向左移动5个位置，从而可使整个图形居中排列，如图7-22所示。

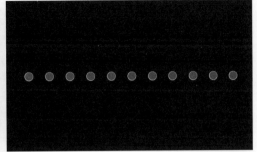

图7-22

如果希望得到按阵列排列的图形，可以为图形添加两次中继器效果，并执行"中继器2-变换：中继器2-位置"命令，将位置属性的数值改为"0，100"，一行图形将被复制为多行，调整"中继器2"中的偏移属性的数值，将多行图形排列在画面中间，从而形成阵列效果，如图7-23所示。

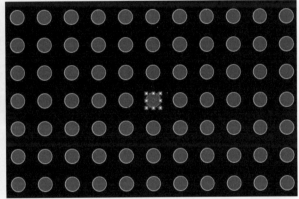

图7-23

2．圆形复制

圆形复制的原理是：让复制的图形有相同的旋转中心，再让图形每复制一次就递增一个相同的角度，这样复制出的元素就可以自动排列成圆形。下面通过一个案例来演示如何进行圆形复制。

首先新建一个空白形状图层，用钢笔工具从形状图层的中心点向上绘制一条直线并为其添加修剪路径效果。调整修剪路径的开始和结束值，减小路径描边的长度。然后为直线添加中继器效果，将副本数量设为"12"可得到12条线，如图7-24所示。

执行"中继器1-变换：中继器1"命令，将位置属性的数值设为"0，0"，使得复制的图形位置重叠，所有复制的线条都具有相同的旋转中心。将"变换：中继器1"中旋转属性的数值设为"30°"，可以看到12条线自动排列成一个圆形，如图7-25所示。

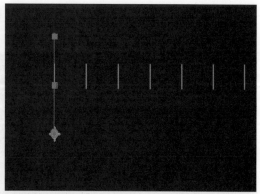

图7-24

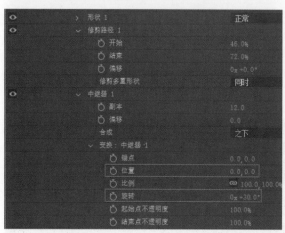

图7-25

　　接下来制作动画。调整修剪路径效果的参数，将修剪路径的开始值、结束值都设为"0%"，此时路径描边长度为"0"。在第0帧处为结束值添加关键帧，在第13帧处将结束值改为"100%"使描边变长。然后在第3帧处将开始值设为"0%"并添加关键帧，在第16帧处将开始值调为"100%"。此时，描边呈现出先变长后变短并向上发射的效果，设置如图7-26所示。

　　中继器所复制出的12条线分别向着12个方向发散，得到类似烟花爆开的动画效果。再将这个形状图层复制，并且将描边改为不同的颜色，随机摆放在画面的不同位置就可以得到节日烟花的动画效果了，如图7-27所示。

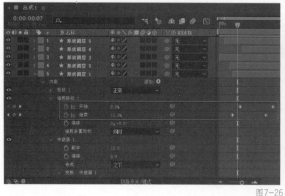

图7-26

图7-27

3.对称复制

如果希望所绘制图形呈对称关系，也可以利用中继器功能实现。

在查看器面板中绘制一个翅膀形状的图形，并为其添加中继器效果，将中继器的副本数量改为"2"，执行"中继器1-变换：中继器1-位置"命令，将位置属性的数值调为"0，0"。执行"中继器1-变换：中继器1-比例"命令，将x方向的比例改为"-100%"，y方向不变，就可以得到左右对称的图形关系，如图7-28所示。如果想得到上下对称关系，可以将y方向的比例调整为"-100%"，x方向保持不变。

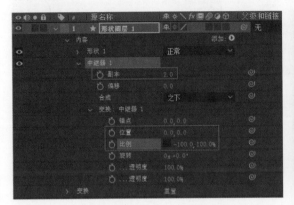

图7-28

第5节 形状图层的摆动类

形状图层中的摆动类功能包括摆动路径和摆动变换两种，下面分别加以讲解。

知识点 1 摆动路径效果

顾名思义，摆动路径效果就是对所绘路径形状进行随机的变形。

添加摆动路径效果时，需要先在合成中绘制一个图形，然后执行"内容-添加-摆动路径"命令。

在摆动路径属性中，大小指的是摆动的幅度；详细信息是指每段路径摆动变化的细节量；在点的类型下拉菜单中，可以将点的类型设定为"边角"或"平滑"，从而得到尖锐的或者是圆滑的路径形状；摇摆/秒指的是摆动的频率；最下面的随机植入可以用来获得不同的随机形状。

修改参数之后，会自动出现一个随机变形的动画，如图7-29所示。如果只希望改变形状而不需要动画效果，把摇摆/秒设为"0"即可。

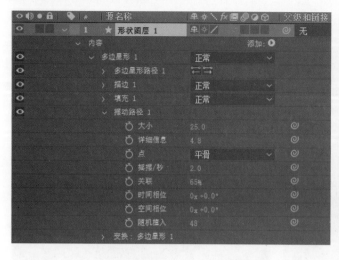

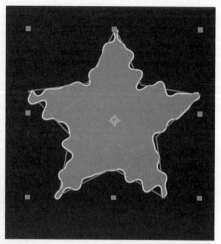

图7-29

知识点 2 摆动变换效果

摆动变换是指对图形的动画类属性进行随机变化。添加摆动变换效果后,图形并不会出现任何动画。展开"摆动变换-变换",将需要制作动画的属性的数值调成非"0"值,就可以产生对应的动画。当然也可以对各个属性的数值都加以调整,那么会出现非常丰富的随机动画效果,如图7-30所示。

图7-30

第6节 形状图层的效果使用逻辑

形状图层对逻辑的严谨性要求非常高。当为形状图层添加效果时,即使添加的效果相同,但是添加的先后顺序不一样,也会产生完全不同的效果。在使用形状图层制作动画时,这一点要特别注意。本节将着重说明形状图层效果中的使用逻辑。

知识点 1 使用逻辑 1

　　在为形状图层添加效果时，第一个基本的逻辑就是"向上有效"，即为形状图层添加某一种效果时，处于这个效果上层的所有形状都将受到影响。如果希望部分形状受到影响，可以为形状添加效果或者通过编组来对效果进行隔离。下面通过一个例子来进行说明。

　　图7-31所示是一个啤酒杯，要得到这个效果，可以在同一个形状图层中绘制两个圆角矩形，如图7-32所示。

图7-31

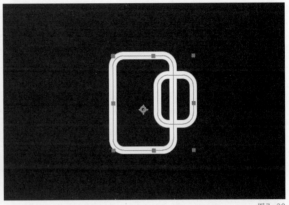

图7-32

　　然后执行"内容－添加－修剪路径"命令，调整修剪路径效果中的开始和结束值，将酒杯和酒杯把的描边分别裁短。但是，修剪路径效果默认会添加到两个圆角矩形的下层，因此矩形1和矩形2同时被裁短了，如图7-33所示。

图7-33

　　这个问题有以下两种解决方法。

　　（1）先选择要进行路径修剪的图形，再为其添加修剪路径效果，这相当于将修剪路径效果加在了图形的内部，如图7-34所示。

　　（2）添加修剪路径效果之后，将修剪路径效果和要修剪的"矩形1"同时选中，按快捷键Ctrl+G进行编组。此时修剪路径效果就只对组内部的"矩形1"有效，而组外的"矩形2"将不受到影响，如图7-35所示。

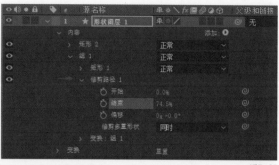

图7-34　　　　　　　　　　　　　　　　　　图7-35

分别为"矩形1"和"矩形2"添加修剪路径效果并调整参数后，得到图7-36所示的效果。

知识点 2　使用逻辑 2

在形状图层中，为同一个图形添加多个效果时，如果添加效果的顺序不同，得到的结果也不同。下面将通过一个例子来进行说明。

先在空形状图层中画一条直线，然后为直线分别添加修剪路径和Z字形效果，效果如图7-37所示。然后修改修剪路径的结束值并添加关键帧，制作出波浪线的生长动画。

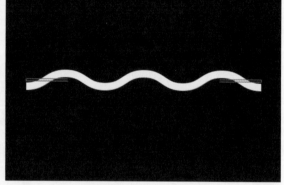

图7-36　　　　　　　　　　　　　　　　　　图7-37

在这里涉及效果添加顺序的问题，不同的添加顺序会出现不同的动画效果。

按照默认的顺序调整修剪路径的结束值，路径并没有按照预想那样变长或变短，而是出现了像弹簧一样的挤压效果。

产生这种效果的原因就是效果的添加顺序不同。如果先添加修剪路径效果，后添加Z字形效果，等同于先将路径变短，然后在已经变短的路径上面加同样多的每段的背脊数量。随着路径长短的变化，会出现波浪线被压缩的效果，如图7-38所示。

如果将Z字形效果调整到修剪路径效果上，就相当于先完成波浪线效果，再对波浪线进行长度裁剪，这样就可以制作出波浪线长度变化的动画，如图7-39所示。

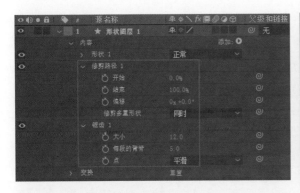
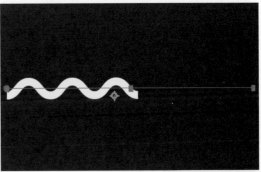

图7-38

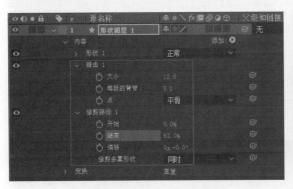
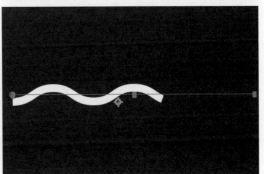

图7-39

第7节 综合案例——跨年欢庆动画

本节将通过一个跨年欢庆的动画，使读者更加深入地了解形状图层的功能及综合运用这些功能的技巧，案例最终效果如图7-40所示。数字"2020"是由路径生长功能完成，会用到形状图层的裁剪路径功能；烟花效果是利用形状图层的中继器功能完成的。

图7-40

最后，使用错帧动画来强化动画的变化和节奏，下面讲解具体操作。

■ 步骤01 创建背景

新建一个合成，将合成的尺寸设置为"1280×720"。按快捷键Ctrl+Y创建紫色图层，并将它作为背景图层。

■ 步骤02 制作数字

新建一个空的形状图层，在形状图层中绘制圆形，关闭其填充显示，将描边宽度调到"10"。然后在圆形下方使用钢笔工具绘制折线，同样关闭其填充显示，调整折线的锚点，使折线和圆产生相切关系。

分别选中圆形和折线，并为它们分别添加修剪路径效果。然后分别调整路径描边的长度，使得圆和折线的描边端点连接，完成数字"2"的制作。绘制矩形，展开"矩形1-矩形路径1"，关闭大小属性的约束比例开关 ⚭；分别调整x轴和y轴的数值，使得矩形的尺寸和数字"2"保持一致。将"矩形1"的圆度调至最大，完成数字"0"的制作。将组成数字"2"的圆形和折线按快捷键Ctrl+G进行编组，并同时选择数字"2"和数字"0"，按快捷键Ctrl+D复制，将新复制得到的数字"20"移动到合适位置，变成数字"2020"的制作，如图7-41所示。

■ **步骤03 制作数字动画**

为数字"2020"添加修剪路径效果，确保修剪路径效果在所有图形元素的下层。为修剪路径效果的开始和结束属性分别添加关键帧动画，将开始的关键帧数值设定为"50%"至"0%"，将结束的关键帧数值设定为"50%"至"100%"，使得两段路径沿着相反方向生长，完成路径生长动画。

将做好的路径生长动画的数字继续复制几层并依次调节每一层的描边颜色，使描边颜色逐渐变深。然后将每一层路径在时间轴面板中依次错位排序，完成数字生长的错帧动画。数字描边生长更有节奏感，颜色变化更丰富，如图7-42所示。

图7-41 图7-42

■ **步骤04 制作烟花动画**

新建空的形状图层，执行"内容-添加-椭圆"命令，创建椭圆并添加填充效果，将填充颜色设为黄色。展开"内容-椭圆路径1"，调整位置属性的数值并添加关键帧，完成从中心向上移动的动画。展开"内容-椭圆路径1"，为椭圆的大小属性添加关键帧，并制作放大缩小的动画，反复几次后在最后一帧将大小属性的数值调为"0"，这样，圆形在向上移动的过程中会出现忽大忽小的变化直到完全消失。

接下来为椭圆添加中继器效果，展开"中继器1"，将副本数量设定为"12"，展开"中继器1-变换中继器1"，将位置属性的数值改成"0，0"，展开"中继器1-变换中继器1"，将旋转属性的数值设为"30°"。可以看到圆点沿着不同的方向向外运动，形成一个基础的烟花效果。将烟花图层复制多层并错帧排列，使烟花有层次地爆开，如图7-43所示。

■ **步骤05 复制烟花**

按住Ctrl键将制作好的单个烟花图层依次选中，再按快捷键Shift+Ctrl+C进行预合成操作。选中得到的预合成，按快捷键Ctrl+D复制，对复制得到的预合成进行大小和位置调整，使得烟花在数字的左右两侧分布，并再次在时间轴面板中调整烟花预合成的错开时间，使得烟花有一定的节奏感地爆开，如图7-44所示。

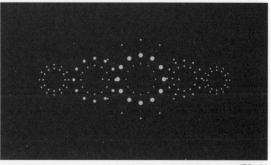

图7-43

图7-44

■ 步骤06 动画修饰

对每一个烟花执行"效果-生成-填充"命令，如图7-45所示，给烟花填上不同的颜色。并再次在时间轴面板中调整错帧时间，完成整个动画的制作。最终效果如图7-46所示。

这个案例综合运用了形状图层中的修剪路径、中继器等重要功能，并且通过错帧使动画更加富有变化和节奏感，最后通过色彩的处理来美化画面。由这个案例可以看出，形状图层是After Effects中的功能非常强大的模块，可以将形状图层中各个功能组合使用来完成丰富细腻的动态图形效果。

至此，本节已讲解完毕。请扫描图7-47所示二维码可观看本案例详细操作视频。

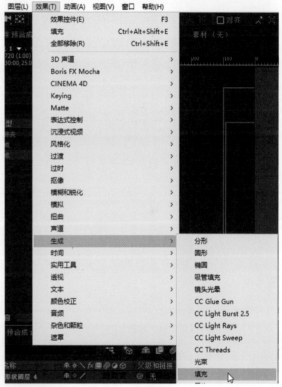

图7-45

图7-46

图7-47

本课练习题

1. 选择题

（1）在形状图层中，如果要完成一个正方形变成一个圆形的变形动画，有几种不同的方法？（　　）

A. 1种　　　　　　B. 2种　　　　　　C. 3种　　　　　　D. 4种

> **提示** 可以考虑形状变形和圆角矩形两种情况。

（2）在形状图层中，如何将六边形改为三角形？（　　）

A. 将六边形转换为贝塞尔路径，用钢笔工具手动减点变成三角形

B. 将六边形转换为贝塞尔路径，展开路径属性后调整点数

C. 展开多边形属性，将多边形的点数改成3

D. 选择六边形的3个顶点，按Delete键删除

（3）在利用中继器功能复制图形时，如果一共有17个副本，把偏移值调为多少才可以使得所有副本都排列于画面中间？（　　）

A. -3　　　　　　B. 17　　　　　　C. -18　　　　　　D. -8

> **提示** 17个图形左右对称，所以偏移值应该为（17-1）÷2。

（4）在进行圆形复制时，如果要让元素做从中间向外移动的动画，应该改变下列哪一个属性？（　　）

A. 图层变换组中的位置属性　　　　　B. 元素的中心点属性

C. 元素路径的自身位置属性　　　　　D. 元素变换组中的位置属性

> **提示** 使用中继器功能进行圆形复制时，图形元素应该在自身的位置属性上移动。

参考答案：（1）B　（2）C　（3）D　（4）C

2. 操作题

利用形状图层功能绘制出图7-48所示的图形。

> **操作题要点提示**
>
> 　　可以利用圆形路径绘制描边，然后通过修剪路径功能修剪描边长度，再使用中继器功能进行复制。

图7-48

第

8

课

轨道遮罩

轨道遮罩在实际项目中应用得十分广泛，例如图形动画、各种风格
类型的包装、动态通道抠图和各类转场动画等。

本课主要讲解After Effects中关于轨道遮罩的基本知识。

本课知识要点

◆ 轨道遮罩的概念与应用

◆ Alpha遮罩和Alpha反转遮罩

◆ 亮度遮罩和亮度反转遮罩

第1节 轨道遮罩的概念与应用

如果希望一个图层透过另一个图层定义的部分显示出来，可以设置轨道遮罩来实现。

知识点 1 轨道遮罩的概念

底层图层（又称填充图层）会从轨道遮罩图层的特定通道中获取透明度或像素明亮度信息。例如，使用文字图层作为视频或图片的轨道遮罩，可以使视频或图片透过文本定义的形状显示出来，如图8-1所示。

图8-1

知识点 2 轨道遮罩的选项

单击时间轴面板下方的"转换控制窗格"按钮 ，其快捷键为F4，调出"TrkMat"（轨道遮罩）窗格，如图8-2所示。

在填充图层的"TrkMat"下拉菜单中可选择轨道遮罩的类型，如图8-3所示。选择"没有轨道遮罩"，轨道遮罩图层将作为普通图层；选择"Alpha遮罩"或"Alpha反转遮罩"，轨道遮罩图层的Alpha通道信息（透明度信息）将影响下层填充图层；选择"亮度遮罩"或"亮度反转遮罩"，轨道遮罩图层的亮度信息将影响下层填充图层。

图8-2   图8-3

为填充图层选择"没有轨道遮罩"之外的选项，After Effects 会自动将其上层的图层转换为轨道遮罩图层，会自动关闭轨道遮罩图层的显示开关，并自动在轨道遮罩图层名称左侧添加轨道遮罩图标 ，如图8-4所示。

提示 关闭轨道遮罩图层的显示开关后，仍可以对该图层进行重新定位、缩放和旋转，如图8-5所示。在时间轴面板中选择该图层，在查看器面板中对该图层进行调整即可。

图8-4 图8-5

知识点 3 轨道遮罩的应用

（1）轨道遮罩可以应用于图形动画中，如图8-6所示。

图8-6

（2）轨道遮罩可以应用于水墨风格的包装中，如图8-7所示。

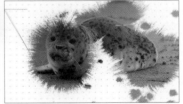

图8-7

（3）轨道遮罩可以应用于时尚风格包装中，如图8-8所示。

图8-8

149

（4）轨道遮罩可以应用于多重曝光风格包装中，如图8-9所示。

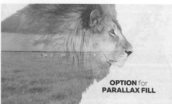

图8-9

（5）轨道遮罩可以应用于转场过渡和通道抠图中，如图8-10所示。

图8-10

第2节　Alpha遮罩和Alpha反转遮罩

通过一个图层中的Alpha信息来决定另一个图层显示的部分，需要用到Alpha遮罩或者Alpha反转遮罩。用来定义Alpha信息的图层即为轨道遮罩图层。

知识点 1　Alpha 通道的概念

After Effects的色彩信息包含在3个通道中，即红（R）、绿（G）、蓝（B）。此外，图像还包含第4个不可见通道，即包含透明度信息的Alpha通道。有时，此类图像又称为"RGBA"图像，用于表示它包含Alpha通道，如图8-11所示。"A"是指"RGBA"图像中的第4个Alpha通道，因为第4个通道经常用于传达透明度信息，所以Alpha和透明度在常见用法中几乎是同义词。

图8-11

知识点 2 Alpha 遮罩的使用方法

在时间轴面板中将轨道遮罩图层放置在上层，将填充图层放置在轨道遮罩图层的下层。在填充图层的"TrkMat"下拉菜单中选择"Alpha遮罩"，如图8-12所示。

填充图层只会受到轨道遮罩图层透明度的影响，不会受到其亮度的影响，如图8-13所示。

图8-12

知识点 3 Alpha 反转遮罩的使用方法

在时间轴面板中将轨道遮罩图层放置在上层，将填充图层放置在轨道遮罩图层的下层。在填充图层的"TrkMat"下拉菜单中选择"Alpha反转遮罩"，如图8-14所示。轨道遮罩图层中不透明的区域为填充图层上透明的区域，与Alpha遮罩的效果相反。

图8-13

图8-14

和Alpha遮罩相同，填充图层只受到轨道遮罩图层透明度的影响，不会受到其亮度的影响。

知识点4 为多个图层创建轨道遮罩

轨道遮罩仅应用于其下层的图层。要将轨道遮罩应用于多个图层，需首先预合成多个图层，再将轨道遮罩应用于预合成图层，如图8-15所示。

要对轨道遮罩进行动画制作，并且要使它与正在遮罩的图层一起移动，需要先将轨道遮罩图层链接到下层的填充图层，再为填充图层制作动画，如图8-16所示。

图8-15

图8-16

第3节 亮度遮罩和亮度反转遮罩

轨道遮罩图层是用来定义亮度信息的图层。亮度遮罩或者亮度反转遮罩可以用于实现通过一个图层中的亮度信息来决定另一个图层显示的部分。

知识点 1 亮度遮罩的概念

亮度遮罩是配合黑白通道使用的，白色定义不透明区域，黑色定义透明区域，灰色定义部分透明区域。当使用没有Alpha通道的图层创建轨道遮罩，或者使用无法创建Alpha通道的素材创建轨道遮罩时，需根据轨道遮罩的亮度信息来定义图层的透明度，也就是亮度遮罩，如图8-17所示。

知识点 2 亮度遮罩的使用方法

在时间轴面板中将轨道遮罩图层放置在上图，将填充图层放置在轨道遮罩图层的下图。在填充图层的"TrkMat"下拉菜单中选择"亮度遮罩"，如图8-18所示。

图8-17　　　　　　　　　　　　　　　　　　图8-18

填充图层会受到轨道遮罩图层的亮度影响，亮度越低，填充图层越透明，如图8-19所示。

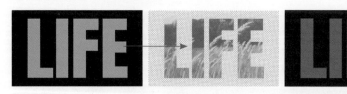

图8-19

色彩都有亮度，将图片转换为灰度模式可以查看色彩的亮度，越接近黑色亮度越低，越接近白色亮度越高，如图8-20所示。根据此原理，可将任何一张图片或者一段视频作为轨道遮罩中的亮度遮罩使用。

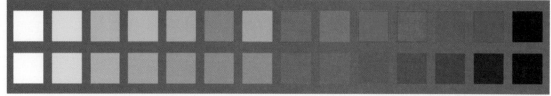

图8-20

选中要进行亮度遮罩的轨道遮罩图层，在菜单栏中执行"效果－颜色矫正－色阶"命令，可增强遮罩图层中明暗部分之间的对比度，如图8-21所示。这将解决一些因中间范围值（部分透明区域）而产生的问题。通常遮罩在将边缘以外的区域定义为完全透明或者不透明时非常有用。

图8-21

知识点 3　亮度反转遮罩的使用方法

亮度反转遮罩与亮度遮罩相反，亮度反转遮罩是将白色定义为透明区域，将黑色定义为不透明区域。在时间轴面板中将轨道遮罩图层放置在上层，将填充图层放置在轨道遮罩图层的下层。在填充图层的"TrkMat"下拉菜单中选择"亮度反转遮罩"，如图8-22所示。

填充图层会受到轨道遮罩图层的亮度影响，亮度越高，填充图层越透明，如图8-23所示。

图8-22

图8-23

第4节 综合案例——太阳升起遮罩动画

本案例将对太阳升起遮罩动画的制作过程进行讲解，目的是使读者能够掌握轨道遮罩中Alpha遮罩的使用方法。本案例的最终效果如图8-24所示。

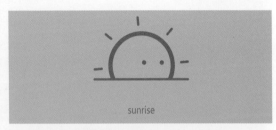

图8-24

■ 步骤01 创建合成

在菜单栏中执行"合成-新建合成"命令，将合成名称设为"小太阳"，将合成尺寸设置为"1920×1080"，将像素长宽比设为"方形像素"，如图8-25所示。

■ 步骤02 创建背景和主体

在菜单栏中执行"图层-新建-纯色"命令，创建一个纯色图层作为背景图层。使用形状工具制作太阳主体和地平线。太阳周围的放射线可执行"添加-中继器"命令进行制作；执行"图层-新建-文本"命令创建文字图层，效果如图8-26所示。

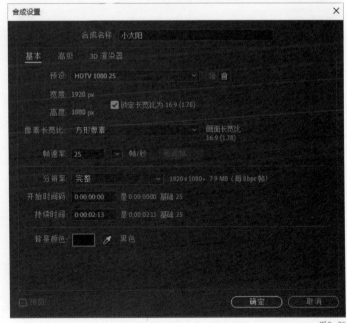

图8-25

图8-26

■ 步骤03 创建Alpha遮罩

　　对除背景、地平线和文字之外的图层进行预合成操作。创建矩形形状作为Alpha遮罩。因为"预合成1"（填充图层）只受到轨道遮罩图层透明度的影响，不会受到其亮度的影响，所以作为Alpha遮罩的矩形形状的颜色可随意调节。将作为轨道遮罩的图层放在"预合成1"之上，选中"预合成1"，在右侧的"TrkMat"下拉菜单中选择"Alpha遮罩"，如图8-27所示。

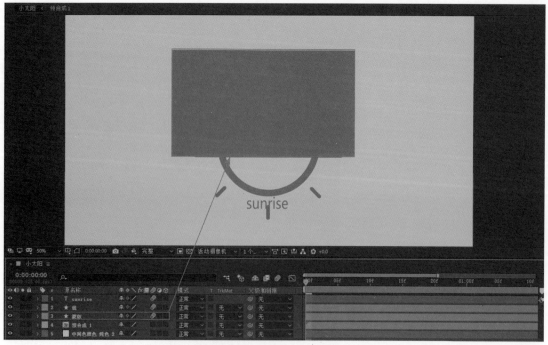

图8-27

图8-27（续）

■ 步骤04 制作太阳升起动画

双击"预合成1"进入预合成内部制作动画。选中"脸"图层，制作太阳从地平线下升起的位移关键帧动画。要制作出太阳升起时的弹性效果，需配合缩放关键帧动画；为太阳周围的放射线制作旋转动画，为眼睛制作位置和不透明度动画，效果如图8-28所示。

> **提示** 利用双查看器的方式可以做到在预合成内部制作动画，并在合成外部实时观看最终效果。具体操作方法可观看本案例的详细操作视频学习。

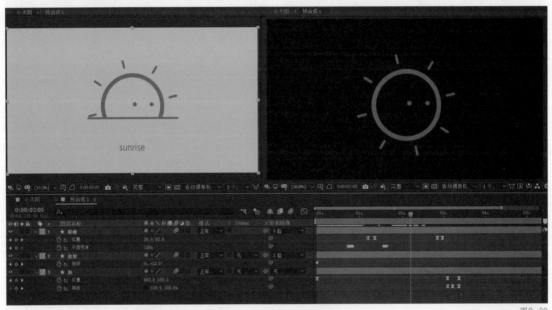

图8-28

至此，本节已讲解完毕。请扫描图8-29所示二维码观看本案例详细操作视频。

图8-29

第5节 综合案例——苹果虫洞遮罩动画

本案例将对虫子穿过苹果虫洞动画的制作过程进行讲解，目的是使读者能够掌握轨道遮罩中Alpha反转遮罩的使用方法。本案例的最终效果如图8-30所示。

图8-30

■ 步骤01 创建合成

在菜单栏中执行"合成–新建合成"命令，将合成名称设为"苹果虫洞"，将合成尺寸设置为"1920×1080"，将像素长宽比设置为"方形像素"，如图8-31所示。

■ 步骤02 创建背景和主体

在菜单栏中执行"图层–新建–纯色"命令，创建一个纯色图层作为背景图层。使用形状工具制作苹果主体及其投影和虫子。苹果上的深色虫洞可用Alpha遮罩来实现，效果如图8-32所示。

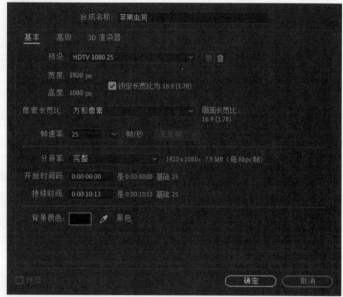

图8-31

图8-32

■ 步骤03 创建Alpha反转遮罩

在工具栏中选择钢笔工具 创建不规则形状作为Alpha反转遮罩图层，其颜色可为任意颜色，注意绘制的形状要避开虫洞的位置。将作为轨道遮罩的图层放在"虫子"图层之上，选中"虫子"图层，在右侧的"TrkMat"下拉菜单中选择"Alpha反转遮罩"，如图8-33所示。

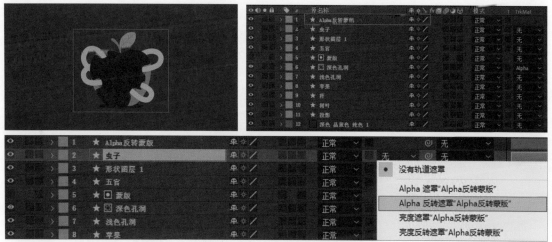

图8-33

■ 步骤04 制作虫子穿梭虫洞动画

为"虫子"形状图层添加修剪路径，制作修剪路径的结束和偏移关键帧动画，在菜单栏中执行"图层-新建-空对象"命令，用空对象来控制苹果左右摇摆，为苹果增加灵动感。选中除背景图层外的形状图层，将它们与"摇摆动画控制"空对象图层进行父子链接，制作苹果摆动动画，如图8-34所示。

图8-34

至此，本节已讲解完毕。请扫描图8-35所示二维码观看本案例详细操作视频。

图8-35

第6节 综合案例——水墨效果遮罩动画

本案例将对水墨效果的制作过程进行讲解，目的是使读者能够掌握轨道遮罩中亮度遮罩和亮度反转遮罩的使用方法。本案例的最终效果如图8-36所示。

图8-36

■ 步骤01 创建合成

在菜单栏中执行"合成-新建合成"命令，将合成名称设置为"水墨"，将合成尺寸设置为"1920×1080"，将像素长宽比设置为"方形像素"，如图8-37所示。

■ 步骤02 创建背景

在菜单栏中执行"图层-新建-纯色"命令，将创建的纯色图层作为背景图层，将纯色图层重命名为"BG"，复制"BG"图层，将复制得到的图层名称重命名为"点"。选中"点"图层，在菜单栏中执行"效

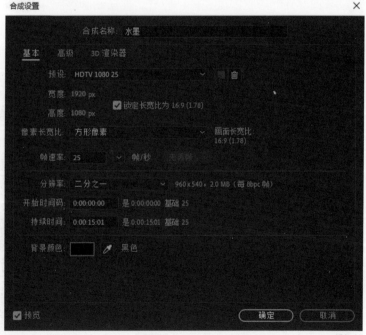

图8-37

果-生成-网格"命令，并调整相应数值；执行"效果-风格化-动态拼贴"命令，调整输出宽度和输出高度的数值，避免制作动画时出现不理想的效果，如图8-38所示。

■ 步骤03 导入并处理素材

双击项目面板，找到本案例的素材包，框选所有文件并导入，如图8-39所示。

图8-38

图8-39

在菜单栏中执行"合成-新建合成"命令,将合成尺寸设置为"1280×1280",将素材"Ink-01"从项目面板拖曳至时间轴面板中。选中"Ink-01"图层,执行"效果-颜色矫正-色阶"命令,调整相关参数,使其亮度对比更明显。单击鼠标右键,执行"时间-启用时间重映射"命令,让墨水在短时间内快速下落,再放慢展示,并对其制作位置关键帧动画,让水墨素材下落的幅度更大,效果如图8-40所示。

图8-40

使用同样的方法对水墨素材"Ink-02"进行调整,效果如图8-41所示。

图8-41

在菜单栏中执行"合成-新建合成"命令,将合成名称设置为"视频素材"。从项目面板中挑选出两段素材拖曳至时间轴面板中,并调整素材出现的时间,如图8-42所示。

图8-42

■ 步骤04 创建亮度遮罩和亮度反转遮罩

在"视频素材"合成的时间轴面板中单击鼠标右键，执行"新建-纯色"命令，将其重命名为"遮罩"。选中"遮罩"图层，在工具栏中选择椭圆工具为其绘制蒙版，并调整蒙版的羽化数值。将"遮罩"图层放置在视频图层的上层作为轨道遮罩图层。在视频图层右侧的"TrkMat"下拉菜单中选择"亮度遮罩"。复制"遮罩"图层并放在另一段视频上层，同样在视频图层右侧的"TrkMat"下拉菜单中选择"亮度遮罩"，效果如图8-43所示。

图8-43

在"水墨"合成中，分别拖曳项目面板中的"视频素材"合成、"Ink_01"合成和"Ink_02"合成至时间轴面板中，调整"Ink_01"合成和"Ink_02"合成的缩放和位置。复制"视频素材"合成，将"Ink_01"合成放在"视频素材"合成之上。在"视频素材"合成右侧的"TrkMat"下拉菜单中选择"亮度反转遮罩"。使用同样的方法在复制出来的"视频素材2"合成右侧的"TrkMat"下拉菜单中选择"亮度反转遮罩",效果如图8-44所示。

图8-44

■ 步骤05 制作动画并修饰细节

在时间轴面板中单击鼠标右键,执行"新建－调整图层"命令。选中"调整图层1",执行"效果－扭曲－变换"命令,在变换下的缩放和不透明度上制作关键帧动画。执行"效果－扭曲－CC Lens"命令,在CC Lens下的Size和Convergence上制作关键帧动画。执行"效果－扭曲－光学补偿"命令,在光学补偿下的视场(FOV)上制作关键帧动画。制作出场动画,保证其和后面镜头的衔接自然,效果如图8-45所示。

图8-45

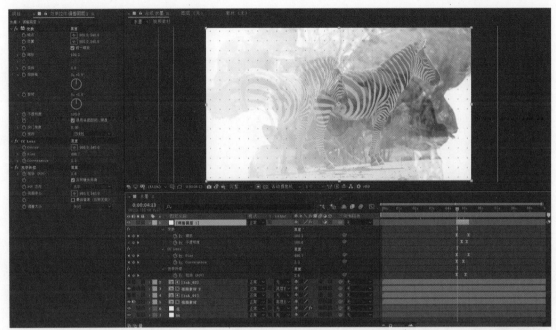

图8-45（续）

　　画面整体略显透明，对比度不强，且缺乏暗色。分别复制"Ink_01"合成图层和"Ink_02"合成图层，放在"点"图层之上，将这两个图层右侧的混合模式改为"相乘"。选中"Ink_01"合成图层，执行"效果-颜色矫正-色调"命令，将"将黑色映射到"设置为深蓝色，执行"效果-颜色矫正-曲线"命令，将暗部压得更暗，效果如图8-46所示。

图8-46

■ 步骤06 添加装饰元素，为画面润色调整

在工具栏中选择形状工具为当前画面添加"三角"形状。可根据效果做生长动画，双击项

目面板导入"第8课轨道遮罩"下"装饰"文件夹中的序列素材，继续为画面增加细节，如图8-47所示。

图8-47

　　在时间轴面板中执行"图层-新建-纯色"命令，将创建的纯色图层重命名为"颜色"。选中"颜色"图层，执行"效果-生成-四色渐变"命令，并调整相关参数，将该图层的混合模式改为"屏幕"，使画面的颜色细节更丰富，如图8-48所示。

图8-48

　　在时间轴面板中执行"图层-新建-调整图层"命令，选中"调整"图层，分别执行"效果-扭曲-光学补偿""效果-透视-3D眼镜""效果-模糊与锐化-高斯模糊"命令并调整相关参数。为"调整"图层创建圆角矩形蒙版，使画面四周出现轻微的镜头扭曲、模糊和红蓝边缘效果。继续执行"图层–新建–调整图层"命令，并将新建的图层重命名为"锐化"。选中"锐化"图层，执行"效果–模糊与锐化–锐化"命令，将锐化调整为"50"，使整个画面达到更清晰锐利的效果，最终效果如图8-49所示。

图8-49

至此，本节已讲解完毕。请扫描图8-50所示二维码观看本案例详细操作视频。

图8-50

本课练习题

连线题

将有关名词与其正确的效果进行匹配。

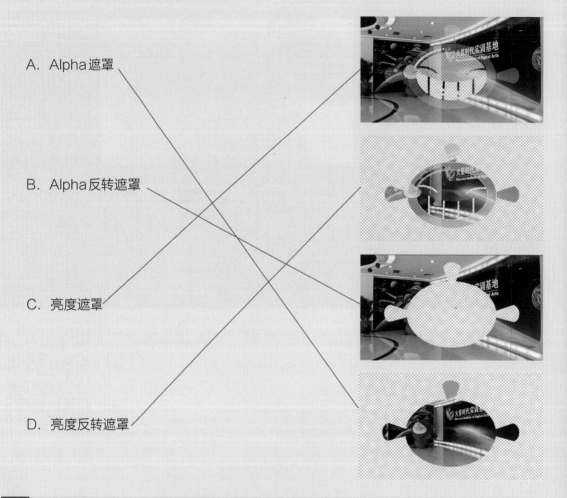

A. Alpha遮罩

B. Alpha反转遮罩

C. 亮度遮罩

D. 亮度反转遮罩

提示 Alpha遮罩和Alpha反转遮罩只受到遮罩图层透明度的影响，亮度遮罩和亮度反转遮罩只受到遮罩图层亮度的影响。色彩不同，其亮度也不同，填充图层受亮度影响呈现出的透明状态也不同。

第 **9** 课

动画技巧

初学者在动画制作过程中，可能会遇到画面中的元素虽然可以动了起来，但是动作显得僵硬、死板，和那些优秀的动画相比仿佛缺少了灵魂。要想制作出好的动画，除了要知道如何让画面动起来以外，还需要了解更多的动画运动规律及制作技巧。

本课知识要点

◆ 认识动画
◆ 错帧动画
◆ 父子关系
◆ 变速和动画曲线
◆ 弹性动画和摆动动画
◆ 重量感的表达
◆ 预备动作和挤压拉伸

第1节 认识动画

普通的动画让人感到平常而无趣，而优秀的动画则更加真实、生动，充满了细节和感染力。

想要制作出优秀的动画，首先要学会观察生活，从生活中汲取灵感，掌握现实世界中元素的运动规律，并适当加以夸张和放大，让动画更加生动，如图9-1所示。

图9-1

除此之外，掌握After Effects中的各种动画制作工具和功能的使用方法，以及重要的动画原理和动画技巧，也可以让动画制作更加得心应手。

第2节 错帧动画

错帧动画是一种常见的动画制作方法，制作时通常先让运动元素产生相同的动画，然后让动画在时间上错位，产生富有节奏感和韵律感的动画效果，如图9-2所示。

图9-2

知识点 1 错帧动画的制作方法

错帧动画的制作可以手动完成，也可以通过动画辅助功能自动实现。

1. 手动错帧

手动错帧就是通过手动调节的方式，将完成的动画在时间轴上错开，从而实现有节奏的动画效果。下面将通过具体操作进行说明。

在合成中先制作出一个小球上下运动的动画，选中所有关键帧，按快捷键F9实现动画缓动。选中图层按3次快捷键Ctrl+D，复制出3个图层，调整图层的位置使它们横向排列，得到同帧动画，如图9-3所示。

图9-3

将复制得到的图层选中，在时间轴面板中将图层依次向右拖曳，使每个图层都相对前一个图层向右错开3帧。选中所有图层，将时间指示器拖曳至第0帧，按快捷键Alt+［将图层入点对齐，即可完成手动错帧，如图9-4所示。

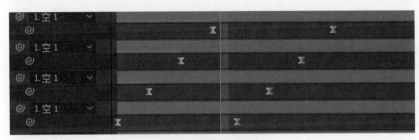

图9-4

2. 自动错帧

在图层比较少的情况下，可以采取手动错帧的方法，但如果图层较多，那么自动错帧操作起来将更为便捷。下面通过一个案例来演示自动错帧的方法。

在查看器面板中用文字工具输入字母"e"，展开"e-变换-缩放"属性。在第0帧处将文字图层缩放属性中的X轴数值调整为"0"，并添加关键帧；在第1秒处将缩放属性值调整为"100%"，使字母"e"产生横向缩放动画，如图9-5所示。

图9-5

选中文字图层，重复按快捷键Ctrl+D 18次，复制出18个图层，默认所有图层处于对齐状态，如图9-6所示。

图9-6

按照从下向上的顺序依次选中所有图层，单击鼠标右键，执行"关键帧辅助-序列图层"命令。在弹出的对话框中勾选"重叠"选项，将持续时间设置为图层长度减去错帧数的结果，如图9-7所示，即可得到依次错开3帧的错帧动画，如图9-8所示。

图9-7

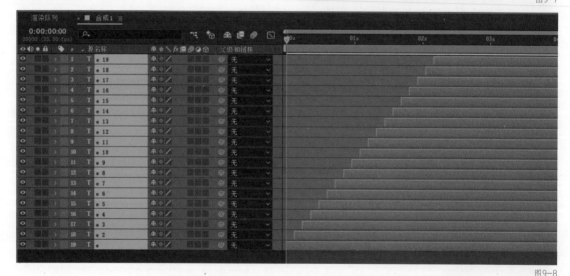

图9-8

每隔一个图层选中文字图层，并将所选图层中的文字填充为深灰色，使文字图层的颜色深浅交替。播放动画，即可见文字的缩放动画呈现黑白相间的错帧效果，如图9-9所示。

图9-9

知识点 2 错帧动画的优势

错帧动画实现起来相对简单，同时又能够让普通的动画产生特别的节奏和变化，在实际制作中的应用比较普遍。错帧动画的优势主要有以下两点。

（1）可以调节错帧时间来强化动画的节奏感。

（2）制作方法简单，容易实现，适合初学者学习。

第3节 父子关系

在图层与图层之间建立父子关系，是After Effects中非常重要而又特殊的一种动画制作技巧。

知识点 1 父子关系的创建

建立父子关系的方法主要有以下两种。

1. 通过菜单创建

选中作为子级的图层，展开"父级和链接"菜单，在下拉菜单中选择作为父级的图层，即可建立父子关系，如图9-10所示。

2. 通过"父级关联器"创建

选中作为子级的图层，在父级和链接窗格中将其父级关联器◎拖曳至作为父级的图层，即可建立父子关系，如图9-11所示。

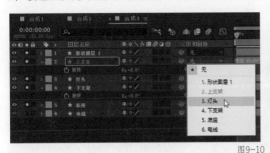

图9-10

图9-11

> 提示　在链接时按住Shift键，子级图层会自动移到父级图层所在的位置。

知识点 2 父子关系的解除

如果要解除父子关系，可以在"父级和链接"下拉菜单中选择"无"，或者按住Ctrl键单击"父子关联器"按钮◎解除父子关系。

知识点 3 父子关系的特性

在建立父子关系时，应该注意以下5点特性。

（1）父子关系的建立仅存在于图层之间，而不存在于属性之间。

（2）每个图层只能有一个父级，但是可以拥有任意数量的子级。

（3）父子关系是单向的，图层变换属性只能由父级分配给子级，而不能由子级分配给父级。

（4）父级影响除不透明度以外所有的变换属性，包括位置、缩放、旋转等。

（5）当图层无法使用其他图层作为其父级时，可以使用空对象图层作为其父级。

知识点 4 父子关系的使用技巧

父子关系的典型应用是在图层之间的链接控制上，下面通过一个台灯的案例来讲解父子关系的使用技巧，如图9-12所示。

打开本书配套文件中的"第9课 动画技巧－案例－工程文件"文件夹，打开文件"父子关系"，如图9-13所示。

先将"灯头""上支架""下支架"图层的中心点分别设置在对应的旋转关节处。将"底座"设置为"下支架"的父级，将"下支架"设置为"上支架"的父级，"上支架"设置为"灯头"的父级，将"灯头"设置为"灯光"的父级，如图9-14所示。

图9-12

图9-13

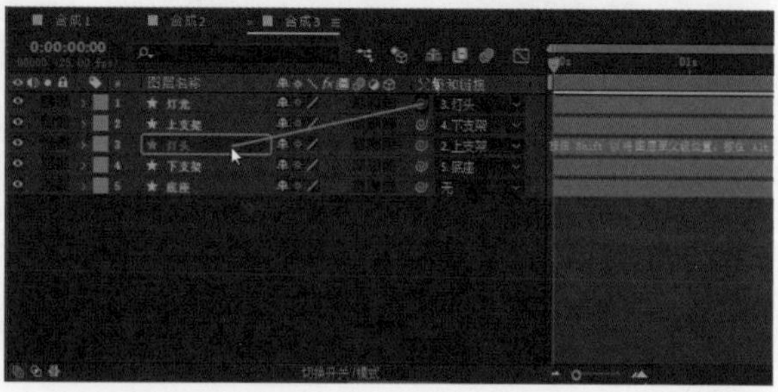

图9-14

依次调整"下支架""上支架""灯头"的旋转属性并添加关键帧，按快捷键F9实现缓动动画，完成台灯的摆动动画，如图9-15所示。也可以用"底座"带动整个台灯制作出弹跳动画，具体动画可以自行设计，效果如图9-16所示。

通过以上案例可以看出，父子关系是控制图层之间动画属性关联的主要方式，也是复杂动画关系的主要处理方式。在今后制作动画的过程中要注意对其进行灵活运用。

图9-15　　　　　　　　　　　　　　　　　图9-16

第4节 变速和动画曲线

在现实世界中，几乎没有任何运动是绝对匀速的，可以说变速运动是物理运动的一种主要表现形式。在动画制作过程中，为了能够达到更为真实的动画效果，需要将动画调节为变速状态，这样更符合观众的常规认知。

知识点1 基本变速

After Effects提供了缓动功能用于制作简单变速。在为属性添加关键帧以后，选中关键帧，单击鼠标右键并执行"关键帧辅助-缓动"命令，或者按快捷键F9，如图9-17所示，即可完成简单的变速操作。

打开本课配套文件中的"案例-工程文件-变速1源文件"。在"合成1"中选中"形状图层1"，按快捷键U显示所有关键帧。选择"变换椭圆2"的旋转属性关键帧，按快捷键F9，将其调整为变速运动效果，如图

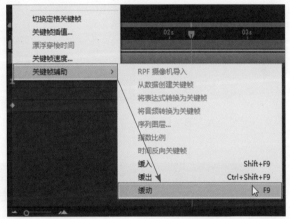

图9-17

9-18所示，即可看到第二个风扇的旋转动画产生了变速，更加接近真实的风扇转动效果。

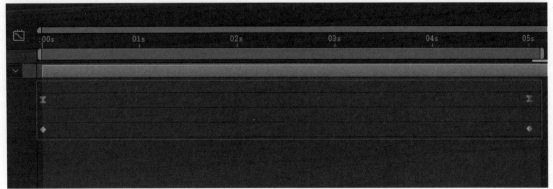

图9-18

175

知识点 2　图表变速

如果需要在缓动基础上达到更为丰富的变速效果，可以调整图表编辑器中的动画曲线对变速效果做进一步调整。

1. 认识图表编辑器

图表编辑器主要由调节区和工具栏两部分构成，如图9-19所示。

图9-19

调节区用于进行动画曲线调整。工具栏用于在调整过程中切换显示状态，提供辅助功能。

下面详细讲解图表编辑器中工具栏的内容，如图9-20所示。

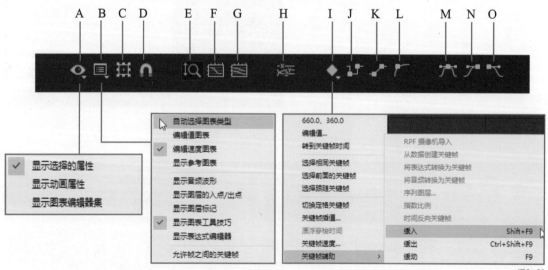

图9-20

A. 选择编辑器中显示的属性（有下拉菜单）　B. 选择图表类型和选项（有下拉菜单）　C. 选择多个关键帧时显示"变换"框　D. 对齐

E. 自动缩放图表高度　F. 适配选择图表　G. 适配全部图表　H. 单独轴向　I. 编辑选择的关键帧（有下拉菜单）

J. 将选择的关键帧转为定格　K. 将选择的关键帧转为线性　L. 将选择的关键帧转为自动贝兹　M. 缓动　N. 缓入　O. 缓出

2. 图表编辑器的图表类型

选中关键帧之后，单击"图表编辑器"按钮，如图9-21所示，即可进入图标编辑器。

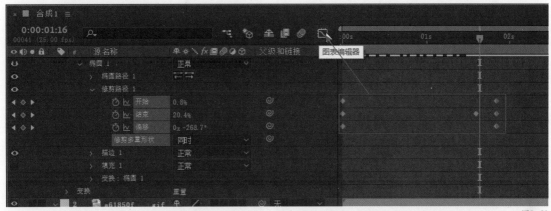

图9-21

图表编辑器中默认的图表类型为值图表，但其在调整速度时不够直观。通常情况下，都会使用速度图表来对速度进行调节。单击图表编辑器中下方的"选择图表类型和选项"按钮，即可将图表类型改成速度图表，如图9-22所示。

在速度图表中，x轴方向显示的是动画时间，y轴方向显示的是运动速度值。

图9-23所示为几种常见的图表类型。

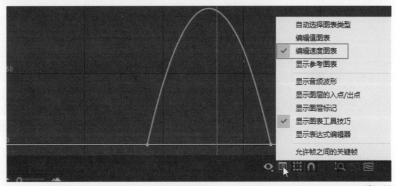

图9-22

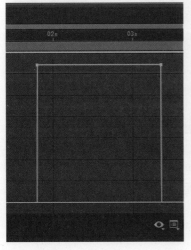

匀速

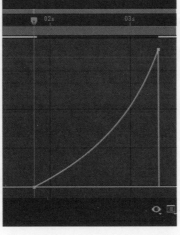

加速

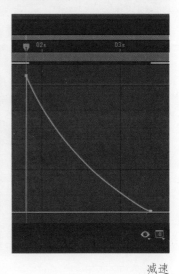

减速

图9-23

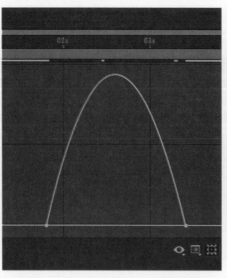
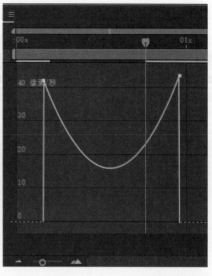

先加速后减速　　　　　　　　　　先减速后加速

图9-23（续）

知识点 3　图表编辑器在动画中的作用

下面将通过一个实际案例来讲解图表编辑器在动画中的作用。

在查看器面板中绘制一个圆形和字母"m"，将"m"的末端和圆形相连接，如图9-24所示。为圆形和"m"分别添加修剪路径效果。

调整修剪路径效果的开始和结束值，使圆形的描边缩短。并调整偏移值，使缩短后的描边处于圆形的右下方。为偏移属性添加关键帧，令描边绕路径一圈后回到字母"m"的末端并消失，如图9-25所示。

图9-24

图9-25

调整字母"m"修剪路径效果的开始和结束值，并添加关键帧。在圆形描边运动到字母"m"的末端时，字母"m"开始描边生长，如图9-26所示，直至生长出整个字母。

调整圆形描边的动画曲线。选择圆形描边中修剪路径效果的偏移和结束属性的关键帧，按快捷键F9实现缓动动画。单击"图表编辑器"按钮进入图表编辑器，可以看到其运动图表，如图9-27所示。

图9-26

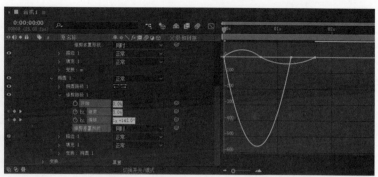

图9-27

为了使动画更为流畅，可以让圆形描边向上运动的时候减速，过了最高点后加速。拖动曲线上的锚点和手柄，将偏移属性和结束属性的曲线分别调为图9-28所示的状态，实现中间段减速的效果。

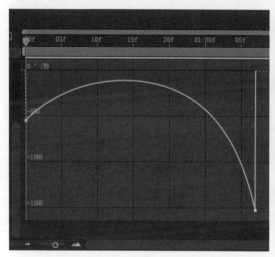

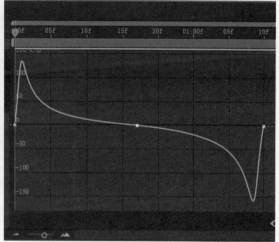

图9-28

调整字母"m"的描边动画曲线。选择字母"m"修剪路径效果的开始和结束属性的关键帧，按快捷键F9实现缓动动画。单击"图表编辑器"按钮进入图表编辑器，可以看到其运动图表，如图9-29所示。

拖动曲线上的锚点和手柄，将开始属性和结束属性的曲线调为图9-30所示的状态，实现先快后慢的运动效果，并使其与圆形描边运动的曲线相衔接。

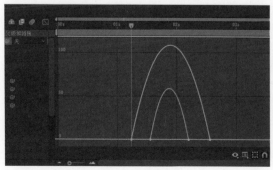

图9-29

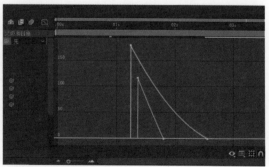

图9-30

动画曲线调整完毕后，选中所有图层，按3次快捷键Ctrl+D，将复制得到的图层的描边调整为不同的颜色，并在时间轴面板中对图层进行错帧排列，完成最后的动画效果，如图9-31所示。

图9-31

第5节　弹性动画和摆动动画

弹性动画和摆动动画是动画制作中比较常见的两种动画，具有非常相似的特点。下面分别对这两种动画进行讲解。

知识点1　弹性动画

在现实生活中，几乎所有物体都具有弹性。在制作动画时，可以把物体的弹性效果放大，用较为夸张的表现方式使动画更加具有感染力。

弹性主要表现在动作衰减的过程中。一个剧烈运动的物体转为停止状态，通常会经历一段弹性震荡过程。同样，在动画中加入这个弹性震荡效果可以让元素的动作衰减过程更加真实。

下面通过一个弹性动画实例来演示弹性动画的制作方法。

在查看器面板中用钢笔工具绘制一段路径，关闭其填充显示，并在其中间加入一个锚点。向右拖曳鼠标，拉出手柄，如图9-32所示。

展开该图层的"内容-形状1-路径-路径1"的路径属性，在第0帧和第1秒处分别添加相同的关键帧。在第11帧处选中中间的锚点并向下拖动至图9-33所示位置，使路径呈弯曲状态。

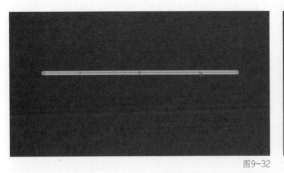
图9-32

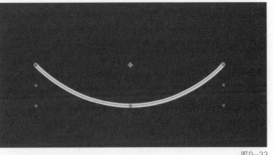
图9-33

移动时间指示器，再将锚点向上拖曳，使路径弯曲的幅度比上一步的弯曲幅度小一些。之后重复上下拖曳的操作，大概每隔3帧操作一次，如图9-34所示，使路径重复上下弯曲的运动，且弯曲幅度越来越小直至恢复水平状态。

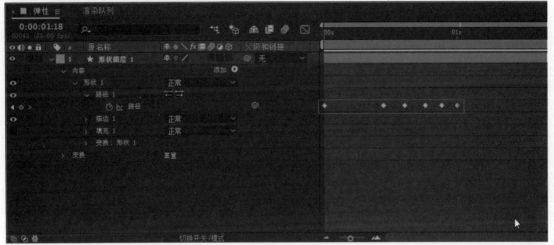
图9-34

动画虽然有弹动的感觉但是并不自然，此时可以选中所有关键帧，按快捷键F9添加缓动，实现自然的弹性效果，如图9-35所示。

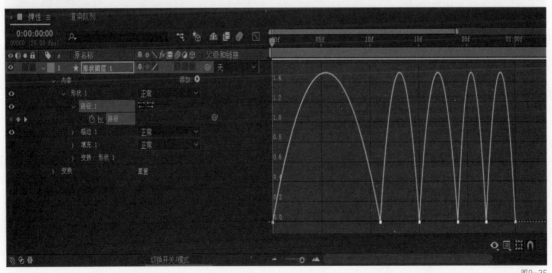
图9-35

弹性动画的规律总结如下。

（1）震荡幅度越来越小。

（2）时间间隔基本不变。

（3）在关键帧中添加缓动。

知识点 2 摆动动画

物体在运动中因为受到重力的影响，所以在摆动的过程中会具有向下摆动时加速，向上摆动时减速的特点。这样的特点也可以使用缓动进行模拟。下面通过实例来讲解摆动动画的制作方法。

在查看器面板中绘制一个钟摆形状，并将其中心点调整到图形的顶部，展开"变换-旋转"，修改旋转属性的数值使图形向左上拉起至"-60°"，并添加关键帧，效果如图9-36所示。

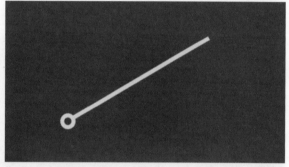

继续调整旋转角度，使钟摆左右摆动，并且角度逐渐减小直至停止，时间间隔尽量保持不变，如图9-37所示。

图9-36

图9-37

播放动画会发现此时的动画不够流畅自然。选中所有关键帧，按快捷键F9添加缓动，如图9-38所示，这样可以使动画变得更加真实。

图9-38

摆动动画的规律总结如下。

（1）摆动幅度越来越小。

（2）时间间隔保持不变。

（3）在关键帧中添加缓动。

第6节 重量感的表达

物体在从高处落地到弹起的过程中，会受到重力的作用。而在制作此类动画时，也需要对动画曲线进行特殊的调整，以还原真实的效果。下面通过小球落地弹跳动画的制作来讲解重量感动画的制作方法。

在查看器面板中绘制一个球体，展开"变换-位置"，调整球体至高处，并添加关键帧。继续调整球体位置，使其落至地面。再次调整其位置，使球体重复弹起到落地的运动过程，并且高度越来越低直至停止，如图9-39所示。

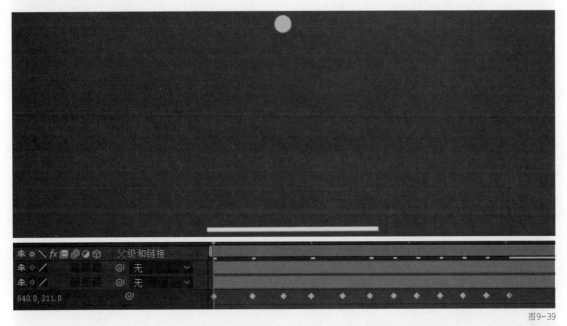

图9-39

选中所有关键帧，按快捷键F9添加缓动，如图9-40所示，此时播放动画会发现球体的动作虽然柔和自然，但是没有重量感。

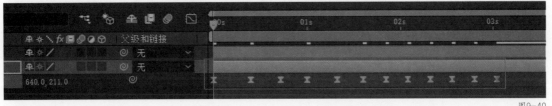

图9-40

选中所有关键帧，单击"图表编辑器"按钮进入图表编辑器，可以看到所有的运动过程都是先加速后减速，如图9-41所示。由于物体在落地的过程中，下落是完全加速过程，而弹起是完全减速过程，因此需要对动画曲线进行调整，使其符合客观运动规律。

在每个落地的节点处将速度曲线的锚点向上拖曳，使每个落地点处速度最快，每个弹起最高点处的速度为"0"，如图9-42所示。再次播放动画会发现，调节了运动曲线之后，小球落地弹跳的动画更接近真实的物体落地过程。

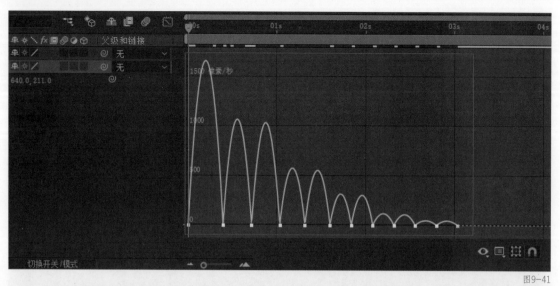

图9-41

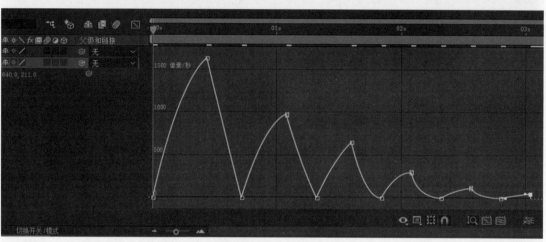

图9-42

第7节　预备动作和挤压拉伸

生活中经常会使用预备动作来强化动作的速度和爆发力，例如跳起之前要先下蹲、出拳之前要先收回手臂等。在制作动画时如果把生活中这些经验和技巧融入其中，能让动画表现得更加精彩。

知识点 1　预备动作

下面将通过一个锤子砸钉子的实例来演示预备动作的制作方法。

在形状图层中绘制出锤子和地面的钉子。将锤子的中心点移至锤把底部，展开锤子的"变换－旋转"，将锤头调至向前倾斜，在第0帧处为旋转和位置属性添加关键帧，效果如图9-43所示。

在第1秒处将锤子调成后仰状态；在第1秒04帧处旋转锤子至水平状态，同时调整位置属性，实现锤头撞击钉子的效果，如图9-44所示。

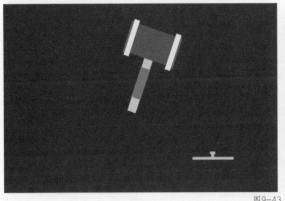
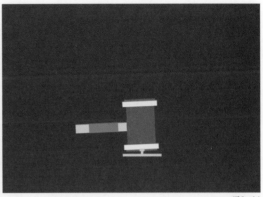

图9-43　　　　　　　　　　　　　　　　　　　　　　图9-44

在锤子撞击钉子后添加几个弹起、落下的关键帧，使动画更加生动。选中所有关键帧，按快捷键F9添加缓动，如图9-45所示。

图9-45

选择锤子旋转属性的前两个关键帧，单击"图表编辑器"按钮进入图表编辑器。拖曳第2帧处曲线锚点的入点手柄，使速度曲线尽量贴近0轴，将锤子后仰动作的末端速度尽量调低，如图9-46所示。

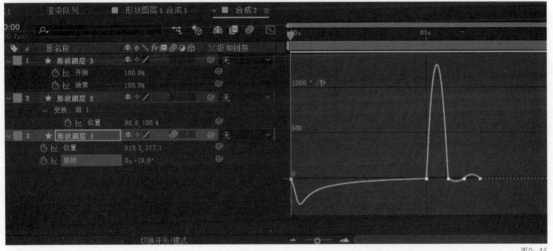

图9-46

根据锤子撞击钉子的时间点制作钉子被钉入地板的动画，再绘制两条拖尾线跟随锤子运动，以强化其运动的速度感，如图9-47所示。至此，完成全部动画的制作。

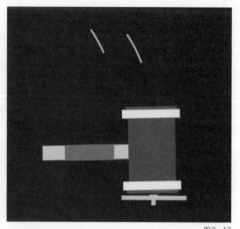

图9-47

知识点 2　挤压拉伸

挤压拉伸的变形效果通常发生在柔性物体上。如果在制作动画时，将挤压拉伸效果适当放大到刚性物体上，会大幅增强动画的表现力和感染力。下面将通过制作方块下落过程中产生的挤压拉伸变形效果来展示将挤压拉伸效果应用在刚性物体方法。

在查看器面板中使用矩形工具绘制一个较大的矩形，将其中心点调整至底部。在另外一个图层中绘制一个小矩形，通过父子关联器将小矩形指定为大矩形的子级，如图9-48所示。

图9-48

制作向上弹跳的预备动作。选中大矩形，展开其"变换-缩放"属性，关闭约束比例开关，分别调整缩放属性的 x 轴和 y 轴数值，使大矩形呈现被压扁的效果。由于父子级关系的存在，小矩形将随大矩形进行缩放，如图9-49所示。在第0帧处，大矩形为初始状态；在第10帧处，大矩形为压扁状态；在第15帧处将大矩形稍微拉长。

图9-49

选择缩放属性关键帧，单击"图表编辑器"按钮进入图表编辑器，将第2帧的入点手柄拉长，使速度曲线尽量下压贴近0轴，以使缩放动画的后半部分减速，如图9-50所示。

添加大矩形的位移和旋转动画。展开"变换-位置"属性，在第15帧时添加位置属性关键帧；在第1秒时将大矩形向上移动；在第1秒10帧时，大矩形落回原位，完成位移动画。展开"内容-矩形1-变换矩形1-旋转"属性，在第15帧时为旋转属性添加关键帧；在第1秒10帧时将旋转角度调为"180°"，效果如图9-51所示。

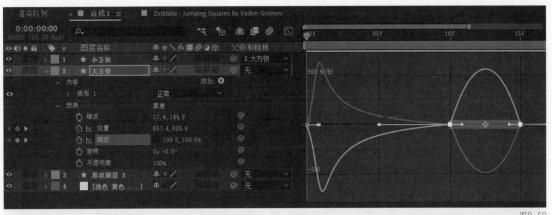

图9-50

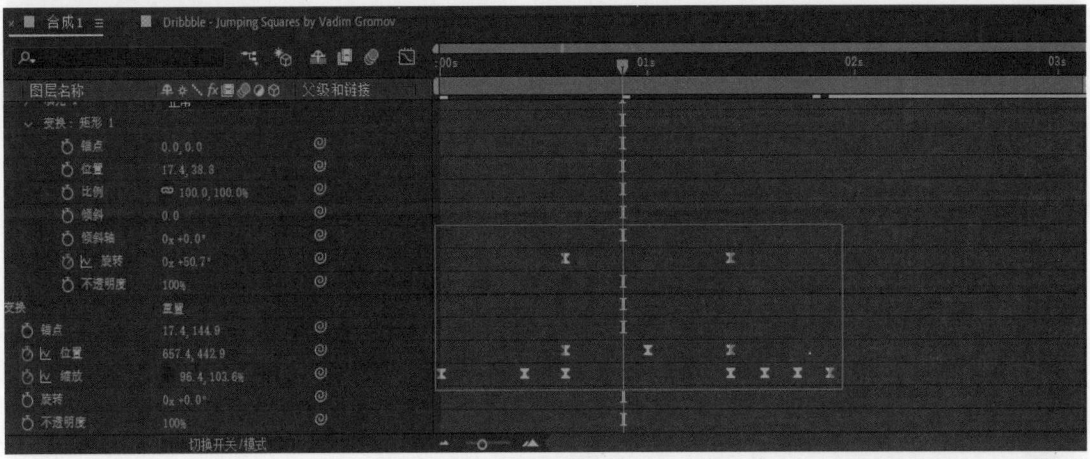

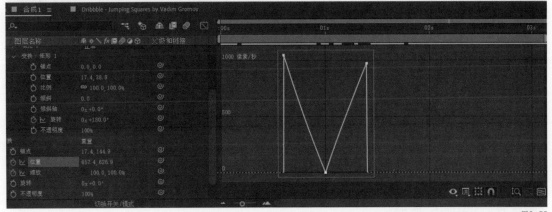

图9-51

大矩形的上升和下落过程是先减速后加速的过程，所以要将位移属性的运动曲线调整为图9-52所示的状态。

图9-52

因为小矩形重量较轻，所以其动画和大矩形有所不同，即小矩形的旋转角度更大、飞行高度更高。选中小矩形，在第15帧时添加位置属性关键帧；在第1秒时将其向上移动；在第1秒10帧时，小矩形落回原位；在第15帧时为旋转属性添加关键帧；在第1秒10帧时将旋转调为"360°"，效果如图9-53所示。小矩形动画曲线的调节和大矩形类似，如图9-54所示。

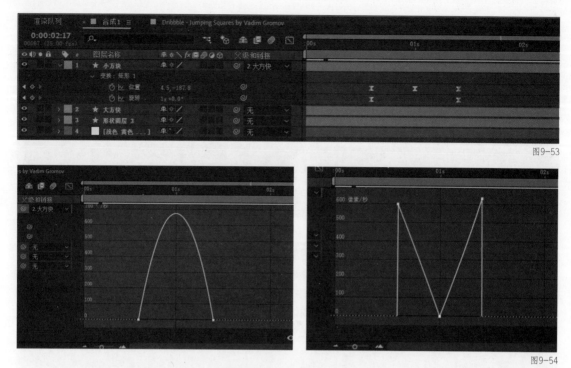

图9-53

图9-54

在方块最后落地时，为其添加弹跳震动缓冲动画。选中大矩形，展开"变换-缩放"属性，添加挤压拉伸动画，完成整个动画的制作，如图9-55所示。

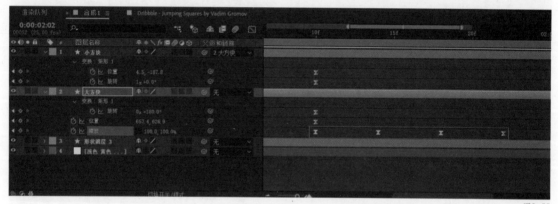

图9-55

第8节 综合案例——火星网校

本节将通过讲解图9-56所示案例的制作来进一步强化动画技巧的综合运用能力。本案例的最终效果如图9-61所示。

■ 步骤01

创建一个新的合成，将合成的尺寸设置为"1280×720"，将合成的背景颜色设定为白色。在查看器面板中绘制一个小圆，在另外一个图层中绘制一个大圆，将大圆的填充显示关闭，打开其描边显示，并为其添加修剪路径效果，将大圆的描边裁至一半，效果如图9-57所示。

图9-56

图9-57

■ 步骤02

选中小圆，展开"变换–位置"属性，在第0帧处添加关键帧，继续调整小圆的位置动画，其运动路径如图9-58所示。

选中所有的关键帧，单击"图表编辑器"按钮进入图表编辑器。将小圆运动曲线调整为先减速上升至最高点，再加速下落到最低点。此时速度达到最快，之后再次减速弹起到最高点，再加速下落直到停止，速度曲线如图9-59所示。

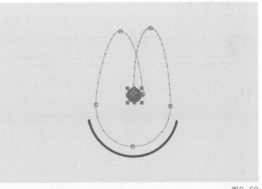

图9-58

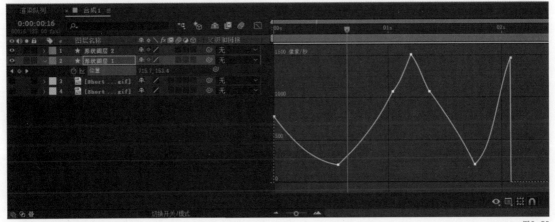

图9-59

■ 步骤03

选中大圆，展开"变换–旋转"属性，在小球碰到大圆时添加关键帧。当小球离开大圆时，调整大圆的旋转属性使大圆沿顺时针方向旋转，然后继续为大圆添加左右旋转摆动的关键帧。之后为位置属性添加关键帧，当小圆接触大圆时，大圆下落；当小圆离开大圆后，大圆向上回弹，如图9-60所示。

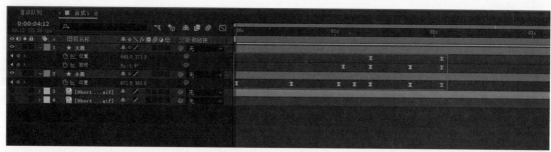

图9-60

为大圆修剪路径效果的开始和结束属性添加关键帧，使其跟随小圆运动生长。再复制一个大圆，修改其描边颜色并将两个图层错帧排列，使大圆的描边实现变色效果，如图9-61所示。

■ **步骤04**

制作小圆升到高处再下落撞击大圆的动画。当小圆撞击大圆时，选中大圆图层，按快捷键Shift+Ctrl+D将其拆分为两段，将后段的描边显示关闭并打开其填充显示，使大圆呈现为半圆形。同时为大圆的填充颜色添加关键帧，使它在被撞击时变为蓝色，如图9-62所示。

图9-61

图9-62

用矩形工具绘制一个矩形，在小圆撞击大圆后，矩形开始出现并变形为正方形。正方形下落撞向大半圆，并在大半圆上翻滚。大半圆随着正方形的撞击而上下起伏，同时小圆飞远，如图9-63所示。

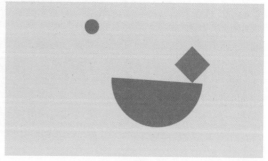

图9-63

■ **步骤05**

由于大半圆和正方形之间存在联动关系，所以可为两者建立父子关系。新建空对象图层并命名为"整体"，将正方形和大半圆图层都指定为"整体"图层的子级。"整体"图层带动两个图层随着正方形和大半圆的碰撞做上下起伏运动，如图9-64所示。

正方形在大半圆上做翻滚运动，需要以不同的角点作为轴心点。依次创建3个空对象图层，分别命名为"旋转轴1""旋转轴2""旋转轴3"，将每个空对象图层拖动到正方形旋转的角点处，并依次建立多级父子关系，完成方块的翻滚动画，如图9-65所示。

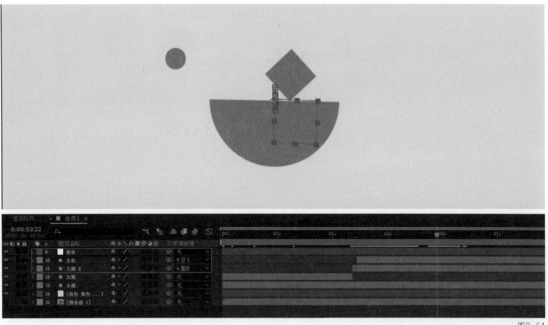

图9-64

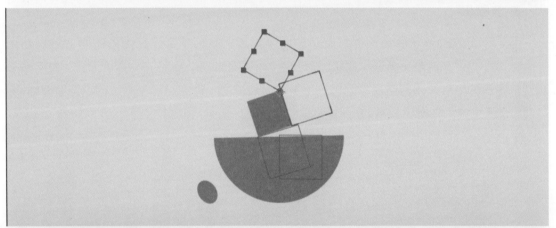

图9-65

■ 步骤06

在大半圆图层中绘制一个矩形，为其添加合并路径效果并将其运算模式设置为"交集"。在小球撞向大半圆时，为大半圆图层中的矩形添加关键帧，使得大半圆变为矩形。为矩形的旋转和位移属性添加关键帧，完成上升、翻滚和下落的动画。同时，正方形飞出，变形为另外一个长方形，如图9-66所示。

两个长方形分别从两侧旋转靠近，互相交叉在一起并继续弹动。小圆继续旋转到下方，如图9-67所示。

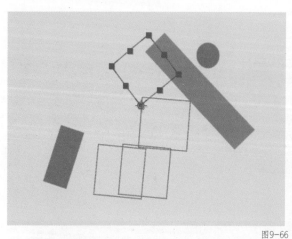
图9-66

图9-67

■ 步骤07

在形状图层中绘制一个圆形，单击鼠标右键，执行"转换为贝塞尔曲线路径"命令，将圆形转换为可编辑图形。为圆形的路径属性添加关键帧并调整其锚点，实现圆形变为月牙形的动画。然后按快捷键Ctrl+D将其复制一层，改变其填充颜色为红色并将两个图层错帧排列，如图9-68所示。

■ 步骤08

月牙形变成圆形之后会遮挡住交叉的两个矩形。用文字工具在圆形的两侧分别输入"hxsd"和"tv"，调整文字的比例和圆形的大小相匹配。再次创建空对象图层作为文字图层和圆形图层的父级，调整空对象图层的位置和缩放属性，带动文字和圆形缩小至画面中间，完成最后的定版，如图9-69所示。

图9-68

图9-69

■ 步骤09

选中小球图层，按快捷键Ctrl+Alt+O使小球在位移过程中实现"自动定向"，此时小球在运动过程中会自动调整运动方向。根据小球的速度变化，为小球的缩放属性添加关键帧，使其在运动过程中有挤压拉伸的效果，至此完成动画细节的处理。

至此，本节已讲解完毕。请扫描图9-70所示二维码观看本案例详细操作视频。

图9-70

本课练习题

1. 选择题

（1）如果一个方块在地面做翻滚动画，那么至少需要为它添加几个父级才能使它完整地翻滚一圈？（   ）

A. 1个   B. 2个   C. 3个   D. 4个

（2）在制作错帧动画时，如果素材长度为12秒，错帧时间为6帧，那么在序列图层对话框中，持续时间应该填多少？（   ）

A. 6   B. 12:00   C. 18:00   D. 11:19

（3）如果两个图层已通过父子关系联动的方式完成了一部分动画，后面的动画需要子级独立完成，该如何操作？（   ）

A. 父级继续带动，但子级做相反的运动

B. 直接用子级图层制作动画

C. 解除父子关系，单独制作动画

D. 为父级添加新的父级，并带动所有图层一起运动

（4）下面哪些选项是符合弹性动画规律的（多选）？（   ）

A. 幅度越来越小   B. 时间越来越短

C. 速度越来越慢   D. 摆动过程先加速后减速

参考答案：（1）C （2）D （3）B （4）A、C、D

2. 操作题

制作图9-71所示的小球弹跳下楼梯的动画效果。

操作题要点提示

小圆和拖尾线条都可以使用描边制作，注意重量感的表现和变速调节。

图9-71

第 **10** 课

文字动画

文字动画是After Effects中的一种基本动画，应用十分广泛，包括动画标题、下沿字幕、演职员表滚动字幕和动态排版。掌握并熟练使用文字动画，可以大大提高工作效率。

本课知识要点

◆ 文字图层的创建

◆ 字符面板与段落面板

◆ 路径文字动画

◆ 文字动画选项

◆ 范围选择器

◆ 文字动画高级选项

◆ 文字生长动画

◆ 手写文字动画

第1节 文字图层的创建

文字图层是After Effects中专门用来承载文字的图层，拥有独立的动画体系。

文字可以在After Effects内输入，也可以从其他软件（如Photoshop、Illustrator或其他文字编辑软件）中复制后粘贴到After Effects的文字图层中。

文字图层是矢量图层，在缩放图层或改变文字大小时，文字会保持清晰的边缘，可以很好地控制文字格式和文字动画。

知识点1 单行文本的文字图层创建

单行文本的文字图层适用于输入单个词或单行文本，每行文本都是独立的。编辑文本时，行的长度会随文本长度的变化而增加或减少，但不会自动换行。

单行文本文字图层的创建方法有以下3种。

（1）新建合成后，在菜单栏中执行"图层-新建-文本"命令，如图10-1所示。此时查看器面板中会出现文字工具的光标，输入文字即可。

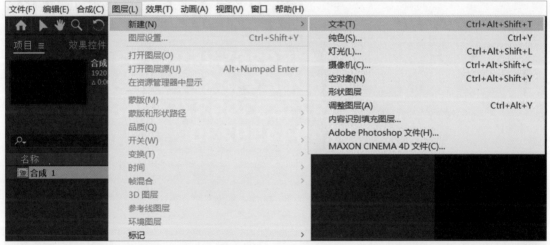

图10-1

（2）选择文字工具后，在查看器面板中单击需添加文字处，即可看到查看器面板中出现了文字工具的光标，如图10-2所示。

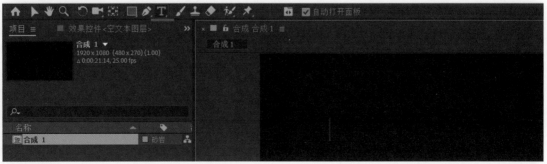

图10-2

（3）在时间轴面板空白处单击鼠标右键，执行"新建－文本"命令，可以看到查看器面板中出现了文字工具的光标，输入文字即可，如图10-3所示。

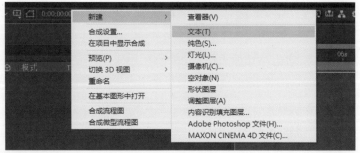

图10-3

知识点 2　多行文本的文字图层创建

多行文本又称段落文本。输入段落文本时，文本会基于文本输入区域的尺寸换行，可以输入多个段落并应用段落格式，文本输入区域的大小也可以随时调整。

选择文字工具后，在查看器面板中按住鼠标左键拉出一个文字输入区域，此时输入的文字若超出该输入区域，会自动换行，如图10-4所示。

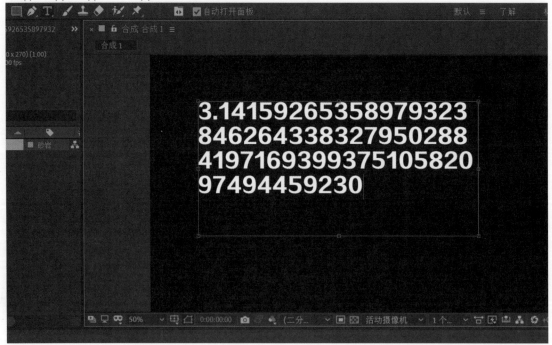

图10-4

第2节　字符面板与段落面板

字符面板可以用于修改文字属性，段落面板可以用于排版段落文字。

知识点 1　字符面板

在字符面板中可以设置字体格式。如果选择了文字，在字符面板中所做的更改仅影响所选文字；如果选择了文字图层，在字符面板中所做的更改将影响所选文字图层；如果既没有选择文字，也没有选择文字图层，在字符面板中所做的更改将成为下一个文字图层的默认设置。

执行"窗口－字符"命令，或按快捷键Ctrl+6，可以调出字符面板。

在字符面板中可以修改文字的各项属性。当文字处于选中状态时，可以修改文字的字体、填充颜色、描边颜色、大小、行间距、字间距等基本属性，如图10-5所示。

知识点 2　段落面板

段落文字可以有多行，具体取决于文字输入区域的大小。段落的末尾均有回车符。

在段落面板中可以设置应用于整个段落的属性，例如对齐方式、缩进和行距（行间距）。

如果插入点位于段落中或者已选择文字，在段落面板中所做的更改只影响部分选择的段落或文字；如果没有选择文字，在段落面板中所做的更改将影响所选文字图层；如果既没有选择文字，也没有选择文字图层，在段落面板中所做的更改将成为下一个文字图层的默认设置。

执行"窗口－段落"命令，或按快捷键Ctrl+7，可以调出段落面板。

在段落面板中可以调整文字的排版、对齐方式、缩进方式，如图10-6所示。

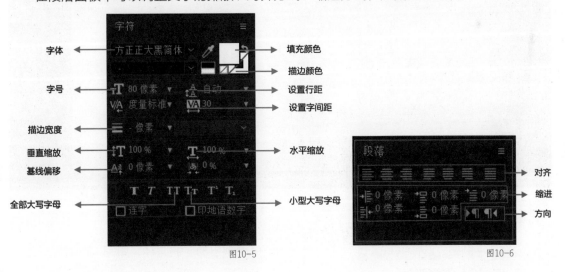

图10-5　　　　　　　　图10-6

第3节　路径文字动画

路径是以贝塞尔曲线为基础构成的一段闭合或者开放的曲线。路径文字动画是指文字沿着路径轨迹运动而形成的动画，是文字动画中比较常见的一种。

路径文字动画主要用到的是钢笔工具绘制的路径和动画的首字边距关键帧。案例展示如图10-7所示。

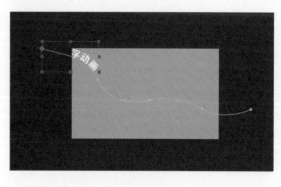

图10-7

■ 步骤01 新建合成

新建合成，在合成设置对话框中选择预设为"HDTV 1080 25"。

■ 步骤02 创建文字图层

新建一个文字图层，输入文字"路径文字动画"，如图10-8所示。

图10-8

■ 步骤03 绘制路径

选中文字图层，选择钢笔工具，在查看器面板中绘制出相应的路径，如图10-9所示。

■ 步骤04 选择路径

选中文字图层，单击文字图层左侧的三角箭头将其展开，设置"文本-路径选项-路径"为"蒙版1"，如图10-10所示，此时文字会自动移动到"蒙版1"上。

■ 步骤05 制作关键帧动画

选中文字图层，单击文字图层左侧的三角箭头将其展开。

选中"文字-路径选项-首字边距"，在第0秒处单击"首字边距"左侧的码表添加关键帧，并将其调整为"-1500"。将时间指示器拖曳至第3秒处，将首字边距调整为"3000"，系统会自动在此位置添加关键帧，如图10-11所示。

图10-9

图10-10

图10-11

预览动画效果，使文字在第0秒时开始入画，在第3秒时完全出画，如图10-12所示。

■ **步骤06 调节动画速度**

框选首字边距的关键帧，按快捷键F9添加缓动动画，单击"图表编辑器"按钮进入图表编辑器，调整动画曲线如图10-13所示。实现文字动画在出、入画时速度快，在查看器面板中速度慢的效果。

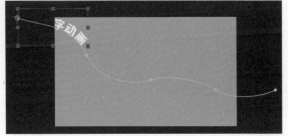

图10-12

以上操作实现了文字沿着路径轨迹从查看器面板左侧入画、右侧出画的动画过程。至此，本案例已讲解完毕。请扫描图10-14所示二维码观看本案例详细操作视频。

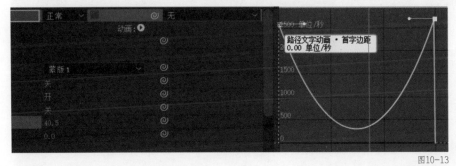

图10-13

图10-14

第4节 文字动画选项

让文字图层中的文字逐个运动的关键是文字动画选项。图10-15所示的选项均为文字专用的动画功能，也是After Effects里所有能对文字添加的动画。

知识点 1 文字动画选项分类

根据属性可以将文字动画选项划分为以下5类。

（1）基础运动：锚点、位置、缩放、倾斜、旋转、不透明度、全部变换属性。

（2）文字外观：填充颜色、描边颜色、描边宽度。

（3）文字排版：字符间距、行锚点、行距。

（4）字符内容：字符位移、字符值。

（5）其他：启用逐字3D化、模糊。

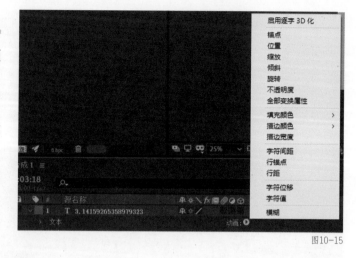

图10-15

> **提示** 制作动画时只需要更改动画选项参数，不需要添加关键帧。

知识点 2 基础运动

基础运动包括锚点、位置、缩放、倾斜、旋转、不透明度、全部变换属性。

以"全部变换属性"选项为例来讲解基础运动选项的作用。新建文字图层，输入文字。单击文字图层左侧的三角箭头将其展开，执行"动画-全部变换属性"命令，"文字图层-文本-动画制作工具1"下会自动添加全部变换属性，如图10-16所示。

图10-16

调整位置和旋转两个属性的参数，调整前后的对比效果如图10-17所示。

图10-17

知识点 3 文字外观

文字外观包括填充颜色、描边颜色、描边宽度。

以"填充颜色－色相"选项为例来讲解文字外观选项的作用。新建文字图层，输入文字。单击文字图层左侧的三角箭头将其展开，执行"动画－填充颜色－色相"命令，文字图层会自动添加"填充色相"选项，如图10-18所示。

图10-18

调整填充色相属性的参数时，查看器面板中文字的色相会随之变换，如图10-19所示。

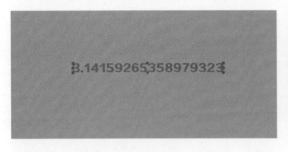 

图10-19

知识点 4 文字排版

文字排版包括字符间距、行锚点、行距。

以"字符间距"选项为例来讲解文字排版选项的作用。新建文字图层，输入文字。单击文字图层左侧的三角箭头将其展开，执行"动画－字符间距"命令，文字图层会自动添加"字符间距大小"选项，如图10-20所示。

图10-20

调整字符间距大小属性的参数，调整前后的对比效果如图10-21所示。

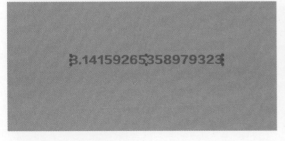 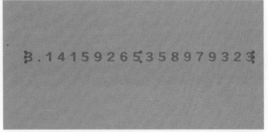

图10-21

知识点 5 字符内容

字符内容包括字符位移、字符值。

字符位移将选定字符偏移的 Unicode 值。字符值将选定字符的新 Unicode 值，并将每个字符替换为由新值表示的一个字符。

以"字符位移"选项为例来讲解字符内容选项的作用。新建文字图层，输入文字。单击文字图层左侧的三角箭头将其展开，执行"动画-字符位移"命令，文字图层会自动添加"字符间距大小"选项，如图10-22所示。

图10-22

调整字符位移属性的参数为"1"，按 Unicode 顺序将 π 中的字符前进一步，调整前后的对比效果如图10-23所示。

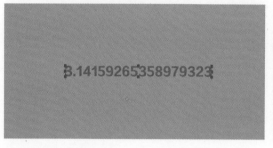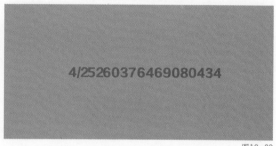

图10-23

知识点 6 模糊

"模糊"选项可以用于设置字符的清晰度。

新建文字图层，输入文字。单击文字图层左侧的三角箭头将其展开，执行"动画-模糊"命令，文字图层会自动添加"模糊"选项，如图10-24所示。

图10-24

调整模糊属性的参数为"10"，调整前后的对比效果如图10-25所示。

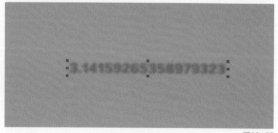

图10-25

知识点 7 启用逐字 3D 化

勾选"启用逐字3D化"选项后，每个字符会增加Z轴，即可以使用3D动画属性以三维的形式移动、缩放和旋转单个字符，如图10-26所示。

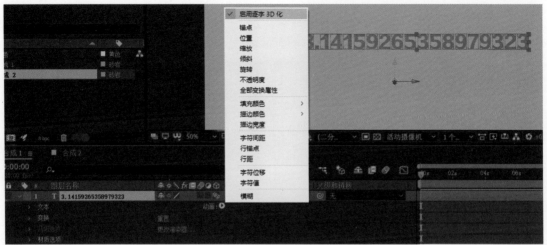

图10-26

第5节 范围选择器

文字动画的原则是被选中的文字才能制作动画。范围选择器主要用来激活多个文字动画、设置选择范围，只有选择范围之内的文字才会受动画参数的影响。

知识点 范围选择器选项

范围选择器有起始、结束、偏移3个属性，如图10-27所示。

例如一排文字"愿得此身长报国"，起始就是这排文字的开始，即光标（I）的位置，"I愿得此身长报国"；结束就是这排文字的末尾，即光标（I）的位置，"愿得此身长报国I"。

起始和结束控制效果的范围，偏移是把起始值和结束值限定的范围进行整体移动。

图10-27

> **提示** 在通过范围选择器的偏移属性制作动画时，需要两个关键帧。一般情况下，这两个关键帧对应的偏移数值是"-100"和"100"。

案例 范围选择器练习

本案例旨在帮助读者进一步熟悉范围选择器。

■ 步骤01 新建合成

新建合成，在合成设置对话框中选择预设为"HDTV 1080 25"。

■ 步骤02 创建文字图层

新建文字图层，输入文字"为中华之崛起而读书"，如图10-28所示。

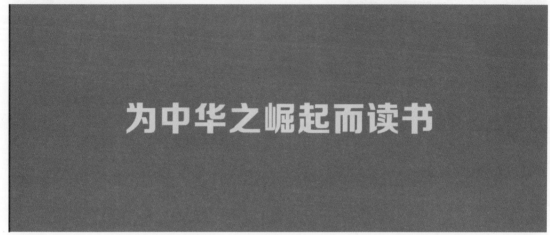

图10-28

■ 步骤03 设置文字动画参数

单击文字图层左侧的三角箭头将其展开，执行"动画-全部变换属性"命令，在"文本-动画制作工具1"下调整位置、缩放、旋转、不透明度属性的参数如图10-29所示，调整参数后的效果如图10-30所示。

图10-29

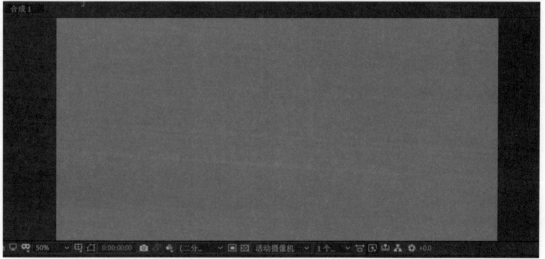

图10-30

■ 步骤04 制作动画

依次选择"文本-动画制作工具1-范围选择器1-起始"，在第0秒处单击起始属性左侧的码表添加关键帧。

将时间指示器拖曳至第2秒处，设置起始参数为"100%"。

框选两个关键帧，按快捷键F9添加缓动动画，如图10-31所示，查看器面板中的效果如图10-32所示。

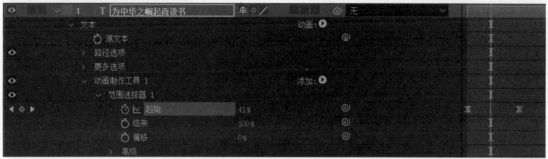

图10-31

图10-32

对位置、缩放、旋转、不透明度属性参数的修改，实现了逐个文字从左到右出现的动画过程。

至此，本案例已讲解完毕。请扫描图10-33所示二维码观看本案例详细操作视频。

图10-33

第6节 文字动画高级选项

文字动画高级选项为文字动画制作的多样性提供了可能。本节将着重讲解文字动画高级选项中依据、形状和随机排序3个选项。

知识点1 依据

依据可以控制文字以字符、不包含空格的字符、词或者行的方式来制作动画，如图10-34所示。在After Effects里，字符和词以空格区分。

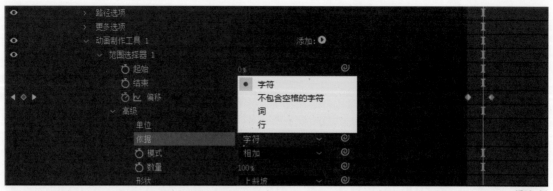

图10-34

下面将基于逐个文字从左到右出现的动画改变"依据"选项来讲解文字动画中字符、不包含空格的字符、词、行的区别。

新建文字图层，输入文字"123 ABC 456"。单击文字图层左侧的三角箭头将其展开，执行"动画-位置"命令，并调整位置属性的参数；执行"添加-属性-不透明度"命令，并调整不透明度属性的参数。

> 提示 若执行"动画-不透明度"命令添加不透明度选项，会出现"文本-动画制作工具2"。

在第0秒处展开"范围选择器1"，单击偏移属性左侧的码表，并将其参数修改为"-100"；将时间指示器拖曳至第3秒处，将偏移参数调整为"100%"；将时间指示器拖曳到第1秒处。

将依据分别设置为"字符"（a）、"不包含空格的字符"（b）、"词"（c）、"行"（d）4个选项，效果如图10-35所示。

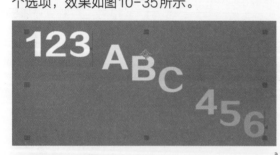
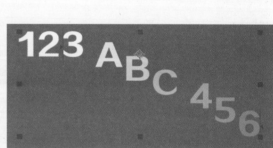

a

b

c

d

图10-35

知识点 2 形状

形状用于调整匀速或变速的文字动画。

利用范围选择器制作完文字动画后，动画默认处于匀速状态，不够平滑柔和。

选中文字图层，单击文字图层左侧的三角箭头将其展开，展开"文本-动画制作工具1-范围选择器1-高级-形状"，共有3类6个选项，如图10-36所示。

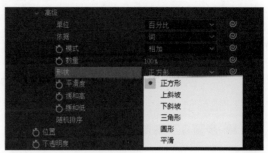

图10-36

默认选项是"正方形"，是唯一一个匀速的动画。

"上斜坡"和"下斜坡"两个选项是变速的半程动画。

"三角形""圆形"和"平滑"3个选项是变速的全程动画（会有两次动画过程）。

> 提示 全程动画和半程动画的前提是：范围选择器偏移属性动画的两个关键帧对应数值是"-100"和"100"。

知识点3 随机排序

默认情况下，范围选择器偏移属性动画的两个关键帧对应数值是"-100"和"100"，选区从左往右滑动，动画也是按照从左往右的顺序产生的。当选择"随机排序"选项时，文字动画效果会随机出现。

选择"随机值入"选项，可以在某一时间随机出现不同的效果。

案例 文字动画高级选项练习

本案例相对综合，除了应用到本节的文字动画高级选项外，还应用到了路径文字、文字动画、范围选择器、形状图层动画、轨道遮罩等知识点。本案例最终效果如图10-37所示。

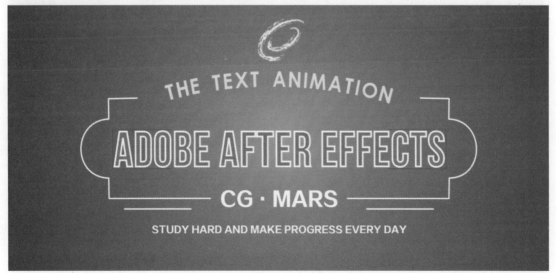

图10-37

■ 步骤01 制作背景

新建合成，在合成设置对话框中选择预设为"HDTV 1080 25"。

新建纯色图层并命名为"BG"，执行"效果－生成－梯度渐变"命令，使图层产生渐变效果。

选中"BG"图层，在效果控件面板中调整参数如图10-38所示。

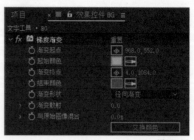

图10-38

■ 步骤02 制作路径文字

新建文字图层，输入文字"THE TEXT ANIMATION"；

选中文字图层，使用钢笔工具绘制弧形路径，单击文字图层左侧的三角箭头将其展开，选中"文字－路径选项－路径"，将其设置为"蒙版1"，此时文字会自动移动到"蒙版1"上，效果如图10-39所示。

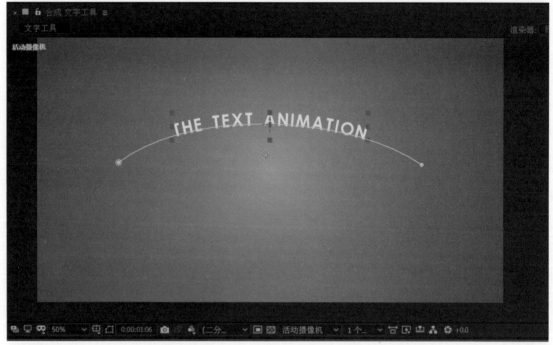

图10-39

■ 步骤03 制作路径文字动画

选中文字图层，单击文字图层左侧的三角箭头将其展开，执行"动画－位置"命令，选中"文本－动画制作工具1－位置"，设置其参数为"0，57"。

单击文字图层左侧的三角箭头将其展开，选中"文本－动画制作工具1"，执行"添加－属性－缩放"命令，调整缩放参数为"0%"。

在第0秒处，选中"文本－动画制作工具1－范围选择器1－起始"设置其参数为"0%"；选中"文本－动画制作工具1－范围选择器1－结束"设置其参数为"100%"。

在第1秒3帧处，选中"文本－动画制作工具1－范围选择器1－起始"设置其参数为

"50%";选中"文本-动画制作工具1-范围选择器1-结束",设置其参数为"50%"。

框选起始和结束关键帧,按快捷键F9添加缓动动画。预览动画效果,时间轴面板如图10-40所示。

图10-40

■ **步骤04 制作主体文字动画**

新建文字图层,输入文字"ADOBE AFTER EFFECTS"。

选中文字图层,单击文字图层左侧的三角箭头将其展开,执行"动画-缩放"命令,选中"文本-动画制作工具1-缩放",设置其参数为"0%"。

单击文字图层左侧的三角箭头将其展开,选中"文本-动画制作工具1",执行"添加-属性-字符位移"命令,调整字符位移参数为"40"。

在第0秒18帧处,选中"文本-动画制作工具1-范围选择器1-偏移",单击偏移属性左侧的码表添加关键帧,并将其修改为"-100%"。将时间指示器拖曳至第2秒5帧处,设置偏移参数为"100%",如图10-41所示。

图10-41

选中"文本-动画制作工具1-范围选择器1-高级-随机排序"设置其状态为"开"。选中"文本-动画制作工具1-范围选择器1-高级-形状",设置其选项为"上斜坡",效果如图10-42所示。

ADOBE oFTER x JEC S

图10-42

■ **步骤05 制作线条生长动画**

新建形状图层,使用钢笔工具在查看器面板左侧勾勒线条。

选中形状图层，单击形状图层左侧的三角箭头将其展开，执行"内容－添加－中继器"命令，使线条左右对称。

执行"内容－添加－修剪路径"命令，选中"内容－修剪路径1－结束"，在第0秒19帧处单击结束属性左侧的码表添加关键帧，并将其修改为"0%"。将时间指示器拖曳至第1秒23帧处，设置结束属性的参数为"100%"。参数设置如图10-43所示，效果如图10-44所示。

图10-43

■ 步骤06 制作轨道遮罩文字

新建文字图层，输入文字"CG·MARS"。

新建形状图层并命名为"遮罩"，使用钢笔工具在"遮罩"图层中勾勒文字轮廓，调整其"描边宽度"使其完全遮住文字图层，如图10-45所示。

图10-44

图10-45

■ 步骤07 制作轨道遮罩动画

选中"遮罩"图层，执行"内容－添加－修剪路径"命令，选中"内容－修剪路径1－结束"，在第1秒16帧处单击结束属性左侧的码表添加关键帧，并将其修改为"0%"。将时间指示器拖曳至第4秒13帧处，设置结束属性的参数为"100%"。选中"内容－修剪路径1－修建多重形状"将其设置为"单独"，如图10-46所示。

图10-46

文字图层在下，遮罩图层在上，将文字图层选择为"Alpha遮罩"。

■ **步骤08 添加画面细节**

添加画面细节，效果如图10-47所示，导入音乐。

图10-47

以上操作实现了几个不同的文字动画。

至此，本节已讲解完毕。请扫描图10-48所示二维码观看视频进行知识回顾。

图10-48

第7节 文字生长动画

这里的文字生长动画是指"编号"特效，多用于进度条读取动画、倒计时动画、时间动画、日期动画。

文字生长动画主要应用到的是编号效果动画、波形变形效果动画及轨道遮罩。案例效果如图10-49所示。

■ **步骤01 新建合成**

新建合成，在合成设置对话框中选择预设为"HDTV 1080 25"。

■ **步骤02 创建文字图层**

创建纯色图层并命名"编号"。

■ **步骤03 添加效果**

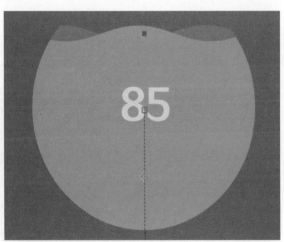

图10-49

选中纯色图层"编号"，执行"效果-文字-编号"命令（或用鼠标右健单击固态层，执行"效果-文字-编号"命令），如图10-50所示。

图10-50

■ 步骤04 设置文本样式

弹出编号对话框,在其中可以选择字体、样式、方向、对齐方式,如图10-51所示。

图10-51

■ 步骤05 制作文字动画

在效果控件面板中可以调整"编号"的类型、随机值、数值、小数位数、位置、颜色、字号、字符间距等参数。选中数值,在第0秒处添加关键帧;将时间指示器拖曳至第3秒处添加关键帧,并将其参数修改为"100",如图10-52所示。

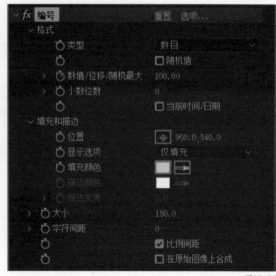

图10-52

■ 步骤06 添加背景波纹

新建纯色图层并命名"波形变形",选中"波形变形"图层,执行"效果-扭曲-波形变形"命令,在效果控件面板中将波形高度设置为"30",将波形宽度设置为"300",如图10-53所示。

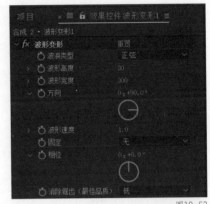

图10-53

■ 步骤07 制作背景波纹动画1

打开"波形变形"图层的塌陷开关,选择图层的位置属性,在第0秒处添加关键帧,并将其修改为"960,1500"。将时间指示器拖曳至第3秒处添加关键帧,并将其修为"960,600",如图10-54所示。

图10-54

■ 步骤08 添加轨道遮罩

创建纯色图层并命名为"轨道遮罩",选择工具栏中的椭圆工具,按住快捷键Ctr+Shift绘制一个等比居中的圆。选中"波形变形"图层,选择"Alpha遮罩"轨道遮罩,如图10-55所示。

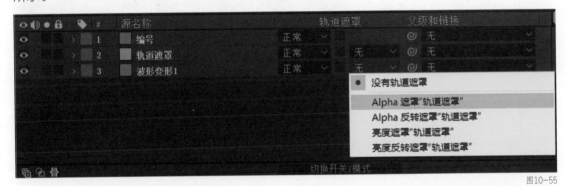

图10-55

■ 步骤09 制作背景波纹动画2

选中"波形变形""轨道遮罩"图层,按快捷键Ctrl+D进行复制,选中"波形变形"图层,按快捷键Shift+ Ctrl +Y修改其颜色设置,并在效果控件面板中将相位属性的参数修改为"120°",效果如图10-56所示。

以上操作实现了文字生长和背景波浪效果生长动画。

至此,本案例已讲解完毕。请扫描图10-57所示二维码观看本案例详细操作视频。

图10-56

图10-57

第8节　手写文字动画

手写文字动画是相对简单的一种文字动画效果。它经常出现在节目包装及片头中，看上去就像是现实中一笔一画写出来的字，运用得当的话可以很好地展示文字的美感。

手写文字动画里的文字分为文字本身和文字蒙版，手写过程就是描边效果动画，难点在于个别笔画会带出其他笔画的部分。

案例效果如图10-58所示。

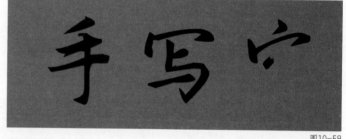

图10-58

■ 步骤01　新建合成

新建合成，在合成设置对话框中选择预设为"HDTV 1080 25"。

■ 步骤02　创建背景

创建纯色图层并命名"BG"，将其颜色设为"CF1F1F"。

■ 步骤03　创建文字图层

新建文字图层，输入文字"手写字"，设置字体为"SentyZHAO新蒂赵孟頫"，设置字号为"300"，效果如图10-59所示。

■ 步骤04　创建蒙版

选择钢笔工具，在文字图层上根据文字笔画勾勒蒙版，注意蒙版不要闭合，效果如图10-60所示。

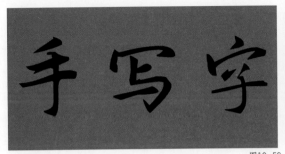
图10-59

图10-60

■ 步骤05 制作效果及动画

选中文字图层，执行"效果-生成-描边"命令。

进入效果控件面板，勾选"所有蒙版"，调节画笔大小为"40"，选择绘画样式为"显示原始图像"。

在第0秒处单击结束属性左侧的码表添加关键帧，并将其参数修改为"0%"；将时间指示器拖曳至第4秒处添加关键帧，并将其参数修改为"100%"，如图10-61所示。

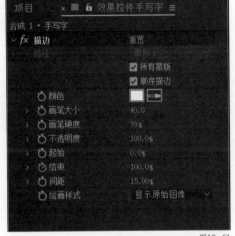
图10-61

■ 步骤06 制作单独笔画

个别笔画的出现会带出其他笔画的部分，此时需要复制文字图层，用蒙版将该笔画的形状抠出来单独制作动画，如图10-62所示。

以上操作实现了手写文字动画。

至此，本案例已讲解完毕。请扫描图10-63所示二维码观看本案例详细操作视频。

图10-62

图10-63

第9节 综合案例——成语文字动画

成语文字动画案例将综合应用到本课的文字动画知识，涉及轨道遮罩、父子级动画、形状图层、预合成、调整图层等知识点，此外还需要着重把控动画节奏。

案例效果如图10-64所示。

图10-64

■ 步骤01 制作文字动画

本案例的文字动画主要是字符间距大小、位置、不透明度和缩放等属性参数的变化，如图10-65所示。

图10-65

■ 步骤02 创建调整图层

新建调整图层，执行"效果-颜色校正-色调"命令。

在效果控件面板中将"将黑色映射到"修改为"青色（00FFDE）"，"将白色映射到"修改为"红色（FF0000）"。

执行"效果－风格化－浮雕"命令，为浮雕的起伏属性添加关键帧。

将调整图层的混合模式选择为"强光"；修改效果控件面板中的参数如图10-66所示。将调整图层放在文字图层上层，效果如图10-67所示。

图10-66

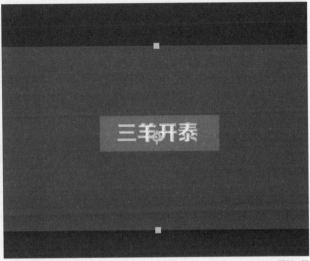

图10-67

■ 步骤03 制作文字描边动画

文字在填充状态和描边状态间突变。

选中文字图层，执行"图层－图层样式－描边"命令。

单击文字图层左侧的三角箭头将其展开，调整"图层样式－描边"的颜色、大小参数。

选中"图层样式－混合选项－高级混合－填充不透明度"，添加参数为"0%""100%"。的定格关键帧。参数设置如图10-68所示，效果如图10-69所示。

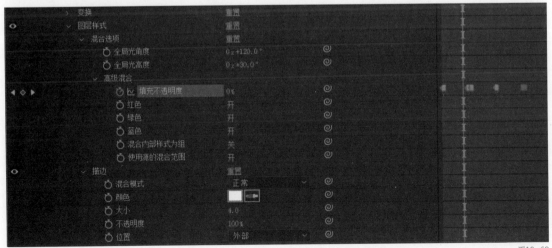

图10-68

■ 步骤 04 空对象图层的调整

文字动画本身是缓动型关键帧，文字突变效果主要来自父级空对象图层的定格关键帧。

动画第6秒10帧到第7秒6帧的转场动画是由同一父级空对象带动生成，此处涉及图层较多，需要谨慎选择。

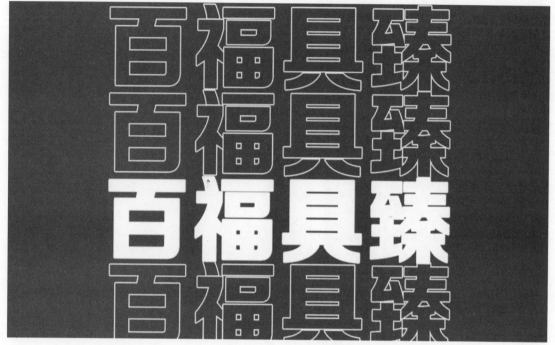

图10-69

■ 步骤 05 调整细节

文字图层和背景图层较多，在动画中需要一一匹配。

基础动画完成后，打开曲线编辑器调整动画曲线。

添加音乐，渲染输出动画。

至此，本案例已讲解完毕。请扫描图10-70所示二维码观看本案例详细操作视频。

图10-70

本课练习题

1. 选择题

（1）以下哪个选项不属于范围选择器？（   ）

A. 起始　　　　　B. 结束　　　　　C. 范围　　　　　D. 偏移

> **提示** 范围选择器下拉菜单中只有"起始""结束"和"偏移"。

（2）以下哪个选项是变速的全程动画？（   ）

A. 正方形、圆形　　　　　　　　　B. 上斜坡、平滑

C. 下斜坡、矩形　　　　　　　　　D. 三角形、圆形

> **提示** 在"高级-形状"里共有3类6个选项。平滑的全程动画是三角形、圆形和平滑，平滑的半程动画是上斜坡和下斜坡，生硬的全程动画是正方形，没有矩形。

参考答案：（1）C （2）D

2. 操作题

制作图10-71所示的时长为5秒的开场倒计时动画。

图10-71

> **操作题要点提示**
>
> 新建纯色图层，选中纯色图层，执行"效果-文字-编号"命令，第0秒、第5秒处对应关键帧数值为"5""0"。调整小数位数、大小、填充颜色等细节即可。